U0250991

星空图鉴

[法] 埃马纽埃尔·博杜安 著

张俊峰 译

101 Merveilles
du Ciel

qu'il faut avoir vues dans sa vie

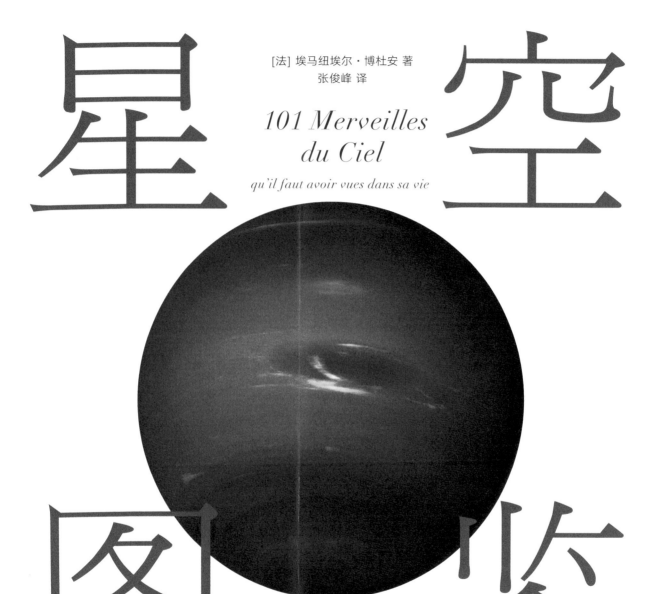

新星出版社 NEW STAR PRESS

新经典文化股份有限公司
www.readinglife.com
出　品

太阳系

从宇航员在月面迈出的第一步，到漫游车在火星表面数十公里的航程；从旅行者号拜访巨行星，到新视野号飞掠冥王星，太阳系始终激发我们无尽的好奇。尽管我们现在已对太阳系有了更加深入的理解，但还远未解开它的众多谜团。许多探测任务正在筹备，以继续揭开太阳系的神秘面纱。行星之所以最吸引我们，大约在于围绕它们的现象是在人类完全可以理解的时间尺度上发生的。太阳周围日珥的舞蹈、月面环形山投下的变幻的影子、火星上渐渐消融的极冠、土星光环的周期摇摆……持续不断地发生在我们眼前。太阳系是一个运动不息的世界。请登上航船，我们的旅程将从地球的天空开始。

1 维纳斯带
大气层里的地影镶边

性质：光学现象
原理：大气散射
观察时机：日出或日落时
持续时间：10－20 分钟

　　地球被太阳照亮，在身后投下影子。这片投在宇宙空间中的阴影，除了恰逢月食，几乎无法观察到。然而，在日出前或日落后不久，却有可能在我们的大气层中一睹它的模样。这时，地平线附近的一片带状天空接收不到阳光的照射，因而显得更暗一些。这层灰色的阴影上常有一层玫瑰色的边界，1871 年，英国物理学家瑞利（1842 – 1919）指出，这条玫瑰色带的成因是大气散射。大气吸收了太阳光中的蓝光部分，并向各个方向散射，形成蓝色的天空，却允准红光透过。当太阳位于地平线附近时，红光穿过大气层，会发生二次散射，使光线向后方四散。最终，紧贴地影之上的一片天空染上了玫瑰色。这条玫瑰色的光带名为"反曙暮光弧"，它还有一个更加诗意的名字：维纳斯带，即爱与美的女神维纳斯的腰带。

如何观察

当天气晴朗时，日落后短短数分钟内，紧贴着东方的地平线，会出现一条灰蓝色的光带，这就是地球的影子。很快，玫瑰色的反暮光弧显现在地影的上缘。随着暮色渐深，地影和反暮光弧都缓缓上升，融入夜色。清晨也能看到这种现象，只是方向相反：地影将逐渐没入西方的地平线。在山顶或空中观察时，维纳斯带将更显壮美。

参见：2 绿闪；17 月全食

图：维纳斯带，拍摄于日出时分，海拔 1800 米的比利牛斯山口。佳能 350D 单反相机，镜头焦距 20 毫米，光圈 f/4。

2 绿闪
神秘的闪光

性质：光学现象
原理：大气散射
观察时机：日出或日落时
持续时间：1—2 秒

1660 年，艾萨克·牛顿用著名的棱镜实验证实，所谓的白光，即太阳辐射，实际上是由多种颜色的光线混合而成。然而，光线有可能因遭遇障碍物而偏转。地球大气层就有使不同颜色的光线以不同角度偏转的能力，这就是所谓的大气色散。当太阳位于地平线附近时，蓝光和绿光的色散角度较大，而红光的角度较小。在色散造成颜色分离的同时，我们的大气层还充当着过滤器的角色：蓝光大多被吸收，绿光的透过程度稍高一些，黄光和红光则几乎可以通行无阻。地平线附近的太阳因此显露出橙色。在这两种物理现象的共同作用下，太阳的上缘落入地平线的瞬间，会突然显现明亮的绿色，这即是所谓的"绿闪"。儒勒·凡尔纳由此获得灵感，在他 1882 年出版的小说《绿光》中，一位少女因为迟迟没有看见这道神秘的闪光，拒绝了一桩婚事；而根据苏格兰传说，看到绿闪的人将拥有读心术。但这已经不属于物理学的范畴……

如何观察

绿闪不易见到，而且只持续短短几秒钟。只有在地平线附近视野良好、天气晴朗明净、空气清澈、大气状况适宜时，才可能观测到绿闪。海上、山顶都是适宜观测的地点。为避免日光炫目，请务必等到日面快要彻底没入地平线时再开始直视太阳。如果你看到的最后一丝落日突然变成翠绿色，那么恭喜你，观测成功了。

参见：1 维纳斯带；32 日面

上图：印度洋上的绿闪。佳能 1100D 单反相机，镜头焦距 200 毫米，光圈 f/11。
下图：海市蜃楼现象也能在太阳上缘形成蓝光和绿光，但这一景象只有用相机才能拍到，肉眼无法观察。

3 英仙座流星雨
夏夜流星

性质：流星雨
原理：固体颗粒在大气层内燃烧
观察时机：8 月 12 日前后
持续时间：数日

太阳系中有许多岩石碎片，当其中某一颗和地球相遇，并在地球大气层中燃烧时，我们的天空中就出现了一颗流星。流星是一道飞速掠过的闪光，只持续几分之一秒。正如意大利天文学家乔瓦尼·斯基亚帕雷利在 1865 年所发现的，当地球穿过彗星轨道时，看到流星的概率将大大增加，因为彗星会在其身后一路播撒下许多尘埃。每当这时，人们就能看到流星陨落如雨。这些流星雨仿佛总是以某一点为中心发射出来，该中心所对应的正是地球和彗星轨道的交点。这个不变的坐标称作"辐射点"，流星雨就以辐射点所在的星座来命名。由于地球公转，辐射点每夜都会稍稍移动位置。在一年间能看到的十几场流星雨之中，发生在 8 月的英仙座流星雨颇具名气。不仅因为它出现在夏季，也因为它是最早确认了源头的流星雨。正是斯基亚帕雷利确定了英仙座流星雨源自斯威夫特－塔特尔彗星。英仙座流星雨在历史上的最早记载来自公元 36 年的中国。有人称英仙座流星雨为"圣劳伦斯的眼泪"，因为它达到极大的日期与 8 月 10 日相近，那一天是基督教圣人圣劳伦斯的纪念日。

如何观察

只需在 8 月 10 日至 13 日间某个晴朗的夜晚，惬意地躺在长椅上，等到午夜时分。其间，让你的目光随意扫过天空，一定会有流星不期然闯入视线。流星划过时，可以尝试将其轨迹反向延长，这条线很可能会经过英仙座。英仙座流星雨达到极大时，几分钟内即可看到数颗流星。

参见：4 狮子座流星雨；5 彗星

图：2016 年 8 月 11 日至 12 日，在法国卡纳克巨石林中央拍摄的流星雨。佳能 6D 单反相机，镜头焦距 14 毫米，光圈 f/2.8。由多张照片叠加而成，20 次曝光，每次曝光时间 20 秒，ISO 1600。

4 狮子座流星雨
流星暴雨

性质：流星雨
原理：固体颗粒在大气层内燃烧
观察时机：11 月 17 日前后
持续时间：数日

　　天空中每年都会上演十几场流星雨，它们并非千篇一律。有些流星雨很稀疏，有些则会形成天文学家所称的"流星暴"，在高峰时刻，每小时会有上千颗流星从天空溅射。狮子座流星雨是这类天象中最著名的一个，而且保持着最高纪录。1833 年狮子座流星暴的规模达到了每小时 20 万颗，1966 年则达到了 15 万颗，可谓"星陨如雨"。要发生这种现象，狮子座流星雨的来源，坦普尔 – 塔特尔彗星，必须回归至太阳附近，而这颗彗星接近太阳的周期是 33 年。每环绕一周，它都将在轨道上撒下无数新的尘埃，每一粒都能产生一颗流星。形成流星暴的另一个关键因素，是地球要恰好穿过彗星留下的尘埃溪流。但是这些尘埃无法被观测到，流星暴因此很难预测。不过，继 1999 年 11 月的火流星暴之后，狮子座流星雨很可能在 2032 年 11 月再次成为头条新闻。这次狮子座流星暴的预测应当比较准确，因为那一年，坦普尔 – 塔特尔彗星又将掠过地球。

如何观察

狮子座流星雨每年 11 月 17 日凌晨前后都会照亮夜空。流星从狮子的头部附近辐射而出，这个图形在天空中清晰可辨。在等待 2032 年流星暴期间，每年都可以观赏到狮子座流星雨的美景：狮子座流星雨达到极大时，每小时都能看到数十颗流星。

参见：3 英仙座流星雨；5 彗星

图：这幅由多张照片叠加而成的图像，摄于西班牙特内里费岛上的泰德国家公园，记录了双子座流星雨的盛况。而双子座流星雨在强度上还远远不能和狮子座流星暴相比。

5 彗星
来自严寒世界的旅行者

成分：冰与岩石
原理：靠近太阳时物质气化
最佳观测时机：经过近日点时
持续时间：数周

一团直径几公里的冰和尘埃，诞生在太阳系遥远的边缘，这就是彗星。这颗"脏雪球"沿着高偏心率的椭圆轨道运行，接近太阳时受热融化，在航迹中形成一缕由气体和尘埃组成的彗尾，这条"尾巴"可以绵延数百万公里！由于神出鬼没且外形有时相当惊人，彗星一度被认作厄运的征兆，直到英国天文学家埃德蒙·哈雷（1656－1742）在 18 世纪初提前计算出一颗彗星的回归时间，才揭开了这些"长发星星"的神秘面纱。这颗彗星后来以他的名字命名，也就是著名的哈雷彗星。哈雷彗星每 76 年靠近太阳一次，曾于 1986 年来访，下次回归要到 2061 年了。幸运的是，还有其他彗星以特定周期从地球附近经过。这些彗星首次接近太阳、被其加热时，可以为天文学家提供关于太阳系起源的珍贵信息。人们因此派出众多探测器飞越彗星，甚至将它们投放到彗星表面，像 2014 年的菲莱号登陆器，由罗塞塔号探测器投放到丘留莫夫－格拉西缅科彗星上。自动望远镜每夜都在寻找新彗星，特别是那些可能穿越地球轨道的彗星，因为它们可能威胁我们这颗星球上的生命。

彗星在天空中移动缓慢，根据其亮度不同，可以用肉眼、双筒望远镜或天文望远镜连续观测数周之久。有两个时刻不容错过：彗星靠近地球；彗星经过近日点。那时最美丽的彗星将会伸展开明亮而壮观的彗尾，扫过大片天空，用肉眼就能清晰地看见。若要了解何时能看到某颗彗星，必须密切关注天文学新闻。

参见：3 英仙座流星雨；4 狮子座流星雨；6 黄道光；26 小行星

图：最近出现的一颗大彗星只能被南半球的观测者看到。图为 2011 年 12 月的洛弗乔伊彗星，它在晨曦中伸展开壮丽的彗尾。照片摄于智利圣地亚哥附近。

6 黄道光
星尘中的太阳反光

性质：地外尘埃
原理：太阳光的散射现象
最佳观测时机：春季黄昏后和秋季黎明前
持续时间：15 分钟左右

太阳系内散落的尘埃在太阳的照射下微微泛光，从地球上也可以看见这柔和的光芒：黄道光。黄道是太阳和行星在天空中的视运动轨迹，而这些星尘大多聚集在行星轨道所在的平面上，因此从地球上看，光芒沿着黄道弥散开来。在远离光污染的地方，黄道光甚至能够占到夜晚天光总亮度的一半以上，而且让我们无处可避：即便是哈勃空间望远镜，在观测黄道附近的暗弱天体时，也会受黄道光影响。不过这或许已经值得庆幸了，因为如今这种光芒的影响相比远古时期已经小得多。事实上，现在的太阳系已经比初生时期纯净许多，那时星尘还没有堆积形成大天体。今天，虽然彗星在接近太阳时仍会成吨地释放微小的碎片，补充形成黄道光的尘埃，但飘浮在太阳四周的尘埃已经很少了。相比之下，在太阳系早期，黄道光强度是现在的 100 万倍，不分昼夜地照耀着年轻的地球。

如何观察

在北半球的中纬度地区，春天夜幕降临时分西方的地平线上，或者秋天夜色将尽时东方的地平线上，黄道光最为明显，出现之后能持续约一刻钟。用肉眼观察，黄道光是从地平线上升起的一道弥散的、指向南方的巨大光锥。光锥边缘模糊，底部比向前伸直手臂时看到的自己张开的手还要宽。在热带地区，如果天气条件良好，全年都可以看到黄道光。

参见：5 彗星

图：黄道光比银河更为暗弱，只有在远离光污染的地区才能看到。在这张摄于智利阿塔卡马沙漠的照片中，黄道光清晰可见。

7 极光
被点亮的大气层

现象：高层大气发光
原理：原子受激辐射
最佳观测时机：太阳耀斑爆发之后
持续时间：数小时

太阳耀斑剧烈爆发后，高速带电粒子被抛射到宇宙空间，经过几天的旅行，抵达我们的行星外缘。这时，地球的磁场像一面护盾，将这些带电粒子和高能电子约束起来并沿磁场引向两极，使我们得以免受有害辐射的袭击。但这些粒子和地球高层大气中的原子相互作用，使它们发出荧光，发光机制与银河系中的星云相同。这种壮观且无害的现象便是极光，著名天文学家埃德蒙·哈雷在 18 世纪最先理解了这一机制。高速粒子只有在两极地区才能沿磁力线穿透大气层，随后在南北极圈附近分别形成南极光和北极光。极光中美丽的绿色来自海拔 100 公里以上的氧离子，有时其底部附着玫瑰色的光晕，则与较低海拔受激发的氮原子有关。极光常伴随着对现代生活的显著影响：太阳活动导致的磁暴产生了激光，同时也会干扰无线电通信。通过哈勃望远镜观察，木星和土星的大气层同样有极光现象。

如何观察

最绚丽的极光出现在极圈附近，例如拉普兰、冰岛、加拿大、阿拉斯加。当专业人士口中的"大型极光活动"出现时，巨大的绿色帷幕侵入天空，不断起伏移动，像窗前被风吹起的帘幕。在较低纬度，极光极为罕见，但依然存在，呈现为北方或南方地平线上的红光。

参见：33 太阳黑子；63 银河；66 猎户座大星云

图：如果希望感受美丽的极光带来的惊喜，需要前往极圈附近。这张震撼人心的照片摄于挪威附近。佳能 6D 单反相机，镜头焦距 14 毫米，光圈 f/2.8，曝光时间 2 秒，ISO 10000。

8 朔望月
月球的相位

性质：地球卫星
直径：3475 公里
与地球距离：38.44 万公里
公转周期：27.3 天
自转周期：与公转周期同步

人们很早就明白了月球的相位为何会变化。古希腊哲学家阿纳克萨戈拉（公元前 500–公元前 428）已经提出，月亮环绕大地运行，它的光芒来自对太阳光的反射。希腊人由此推断，随着月亮运行到它轨道上的不同位置，它被太阳照亮的部分在大地上看来角度不一，这便是月亮圆缺的成因。月球每 27 天零几个小时环绕地球一周，不过由于地月系同时也环绕太阳运行，每经过约 29 天半，人们才能再次看到相同形状的月亮。从朔日开始计算的一个完整的月相周期，称为一个"朔望月"。由于月球轨道是椭圆形，朔望月的长度并不一致，最短为 29 天 6 小时，最长可达 29 天 20 小时。不过，尽管有这样的浮动，月相变化仍然极为规律且恒定，因此最古老的历法常常以它为基准——特别是早期的定居文明，因为人们需要为农业活动设定准确的时间参考。今天，穆斯林依然使用月相来确定斋月开始的日期。

如何观察

即便用肉眼，辨认月相也非常简单，在朔日，月球被照亮的一面背向我们，无法看到。两三天后，一弯蛾眉月在黄昏显现，渐渐饱满，朔日后 7 天变成上弦月。朔望月开始 14 天后，即"望日"，被太阳照亮的那一部分月面在地球上完全可见，这就是满月。随后，地球上看到的月球被照亮的部分逐渐沿着相反的方向缺损，变为下弦月。朔望月的后 1/4 期间，残月出现在清晨的天空，日渐纤细，直到下一个朔日，由新月开始新一轮朔望月周期。

参见：10 地照；11 月球天平动

图：几种不同的月相，用小型望远镜很容易观察并拍摄。200 毫米口径望远镜，焦比 F/8，连接巴斯勒 ACA 1300M 相机，利用 Photomerge 软件由多张照片拼接而成。

9 月海
广阔的熔岩平原

性质：玄武岩平原
直径：100-2500 公里
反照率：3%
最佳观测时机：满月前后
较大的月海：丰富海、静海、澄海、冷海、雨海、风暴洋、云海

　　月球稍晚于地球诞生，约在 45 亿年前，或许是源于地球和一个大小为地球一半的天体"忒伊亚"的撞击。通过多次阿波罗登月任务，以及对带回地球的 400 千克月岩的研究，如今我们越来越清晰地了解到我们这颗卫星的历史。月海的源头是发生在约 39 亿年前的一场"流星雨"，月面被砸出了许多巨大的盆地。这场轰炸之后不久，一颗直径约 100 公里的巨大流星体撞击月面，剧烈的碰撞形成了雨海，尤其是使得月球表面以下 150 公里深处的岩浆上升到月面。熔岩覆盖了此前形成的盆地，逐渐冷却，凝固成玄武岩，便有了我们今天看到的月海。漆黑的玄武岩只反射很少的太阳光，因此月海看起来比月面其他部分更暗些。如果为月面照片增强对比度，就可以看到颜色的区别，并将不同颜色与岩石成分关联起来。钛合金含量较多的地区呈现微微的蓝色，而含铁较多的地区颜色偏红。

如何观察

满月是观察月海的最佳时机，因为这时能看到最多月海。然而满月太过明亮，因此在黄昏时观察更加合适。学会辨认不同的月海是件有趣的事情，比如静海是人类首次登月的地点，而小小的危海独自处在月面的边缘。使用双筒望远镜当然能观察得更加细致，但用肉眼便足够分辨出月海的模样。月海十分平整，只有用望远镜沿着月面明暗交界线观察，才能看到轻微的起伏。

参见：12 月球环形山；14 亚平宁山脉

图：稍早于满月拍摄的月海图，为显示细微结构而增强了色彩。200 毫米口径望远镜，焦比 F/8，连接巴斯勒 ACA 1300M 相机，利用 Photomerge 软件由多张照片拼接而成。

10 地照
反射再反射

原理：地球反射的阳光再经月球反射
最佳观测时机：朔日前后
持续时间：数日

　　当蛾眉月初现时，月球未被太阳照亮的部分也依稀可见，这种现象称为"地照"。列奥纳多·达芬奇最先正确地解释了它的成因。在他 1510 年左右所著《莱斯特手稿》中，达芬奇认为月海是大片的液态水，像镜子一样，反射了地球上海洋反射出的太阳光。在月海扮演的角色，尤其是月海的性质上，达芬奇显然错了，但他设想的地照原理是对的。事实上是地球上的云层将太阳光反射向月球，照亮了月球面向我们的一面。可以说，地照现象是反射光的反射光。在这场镜面游戏中，反射光在每个阶段都会大大减弱，因为地球的平均反照率只有约 30%，月球更低，只有 7%。地照在朔日前后最为强烈，因为这时，从月球上看，一轮明亮的"满地"出现在夜空。

如何观察

观察地照现象的最好时机是朔日后三四天的黄昏，或是朔日前三四天的黎明。在日落后或日出前 45 分钟，用肉眼即可清晰分辨出，地照的光亮宛如一个微微发光的圆盘，蜷缩在新月的内侧。双筒望远镜可以看到更多细节，例如被明亮的地球照亮的月海和辐射纹。

参见：8 朔望月；9 月海

图：当夜晚降临，新月初现，用肉眼可以看到完美的地照现象。由于拍摄时需要长时间曝光，月牙部分曝光过度。佳能 6D 单反相机，镜头焦距 200 毫米，光圈 f/4，曝光时间 1 秒，ISO 800。

11 月球天平动
摇摆不定的月球

现象：月球晃动
原理：月球沿椭圆轨道运行等
观测时间：全年
持续时间：全年

太阳系演化过程中，地球引力不断拖慢月球的自转，直到它与月球公转周期同步为止，于是我们看到的始终是月球的同一面，即我们命名的"月球正面"。然而，仔细观察便可以确定，我们的这颗卫星在缓慢地摇摆，时常显露出隐藏在背面的部分地区。这种现象称为"月球天平动"。月球运行的轨迹是个椭圆，运行速度在不同的位置有差异，对地球上的观测者来说，结果便是沿东西方向有一些摇摆，这就是"经天平动"；此外，月球的自转轴与公转轴有一定夹角，使得它在南北方向上缓慢摇摆，即"纬天平动"。天平动效应使得我们能看到不止一半的月球，准确地说是 59%。实际上，直到 1959 年 10 月，月球 3 号探测器飞掠月球，才首次完全揭开了月球背面的神秘面纱。月球背面几乎没有月海。地月系的另一个奇特之处在于，这个系统并未达到稳定状态。正是为了达到稳态，月球目前正在其轨道上持续加速，同时以每年略小于 4 厘米的速率远离地球。

如何观察

位于月面东北方向、呈优美椭圆形的危海，是观察天平动现象的理想标记。用双筒望远镜或小型望远镜可以观察到它。每隔几天观察一下，连续观察数月，做出完善的记录，便可以发现危海的位置相对于月面边缘发生了变化。要想观测效果更为明显，则可以辨认月球背面的某些特定构成。比如，在天平动的条件特别适宜时，东方海会出现在月面的西南边缘。

参见：8 朔望月；9 月海

图：这两张间隔数月拍摄但都处于凸月相位的月面照片清晰地呈现了天平动现象。月球边缘环形山的位置是尤为明显的证据。200 毫米口径望远镜，焦比 F/8，连接巴斯勒 ACA 1300M 相机，利用 Photomerge 软件由多张照片拼接而成。

12 月球环形山
阳光斜射下的壮观起伏

性质：流星撞击坑
直径：可达 300 公里（巴伊环形山）
深度：可达 5500 米（牛顿环形山）
观测时间：全年

一些壮观的环形山：赫拉克勒斯、阿尔扎赫尔、阿特拉斯、第谷、欧多克索斯、哥白尼、亚里士多德、伽桑狄、西奥菲勒斯、毕达哥拉斯

月球上大多数环形山形成于 30 多亿年前，那时太阳系还遍布尘埃和碎片。月球没有大气层做缓冲，大小不一的陨石频繁轰击月面，每次撞击都能形成直径达撞击物本身 20 至 50 倍的陨石坑。一些岩石被抛起，重新落在陨石坑外缘，形成坡度平缓的环形山。最大的环形山直径超过 100 公里，深度可达数千米。与此相比，地球上最壮美的陨石坑，位于亚利桑那沙漠中的大陨石坑，直径不超过 1 公里，深度也只有 200 米。月球距离我们相当遥远，因此我们看起来总是正对着月面。只有当太阳斜射月球正面时，在光和影的游戏中，环形山壮丽的轮廓才得以显现，那时，沿着月球的昼夜分界线，即月面明暗交界线，可以最清晰地观察到月球表面的这些疤痕。而在满月时分，阳光照亮整个月面，环形山就几乎看不到了。

如何观察

最小的业余天文望远镜就足以完美呈现我们的这颗卫星上那些最美丽的环形山的细节。在强烈的阳光下，一列环形山陡峭的岩壁沿着月面的明暗交界线浮现出来，如刀刻斧凿，轮廓分明。环形山的中央，有时还立着一座突起的山峰。由于月球绕地球快速旋转，月面的光影也不停地变化。连续数夜记录下某座环形山的外观变化，是很有意思的观测活动。在较大型的望远镜中，可以用数分钟的时间欣赏环形山顶的日出。

参见：8 朔望月；13 月面辐射纹

图：巨大的克拉维斯环形山和右侧的第谷环形山，两张照片拍摄时间相隔 24 小时，可以清晰地看出阴影在月面明暗交界线附近迅速移动。355 毫米口径望远镜，焦比 F/19，连接巴斯勒 ACA 1300M 相机。

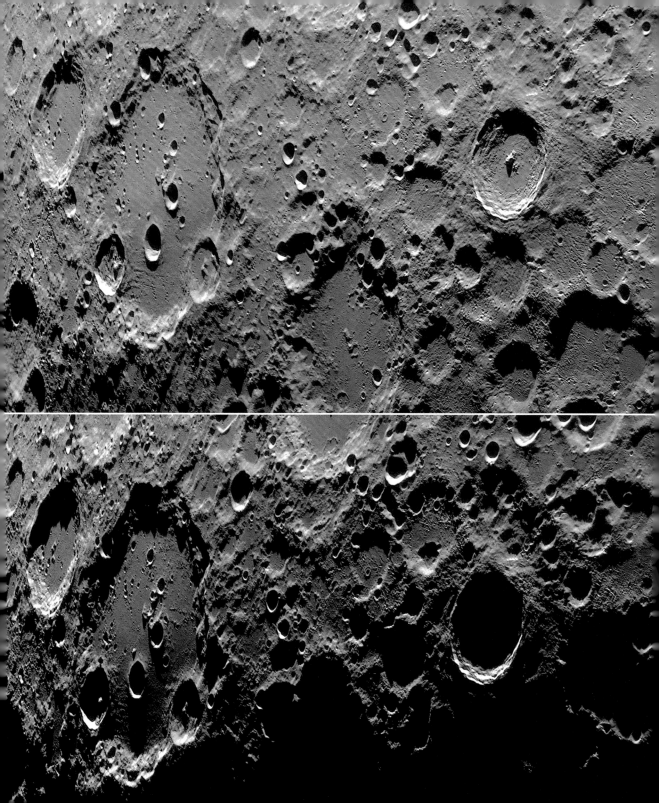

13 月面辐射纹
明亮的轨迹环绕年轻环形山

性质：抛落的尘埃
长度：可达 3000 公里
宽度：可达 100 公里
最佳观测时机：满月时

当流星体撞击我们的卫星表面时，尘埃和岩石碎屑被暴烈地抛射出来。由于撞击的力量惊人，加之月球引力微弱，这些被抛出的物质大多都飘入了太空！然而，仍有一部分物质从空中落回月面，它们以撞击点为中心，从四面八方落下，形成明亮的条纹，称为"月面辐射纹"。由于月球没有大气层，这些轻薄的尘埃可以原封不动地保留数亿年之久，只是因太阳风携带的高能粒子和微流星体轰击月面而极其缓慢地被侵蚀。大多数环形山的年龄都超过 30 亿岁，漫长的时间早已抹去了它们周围的辐射纹。不过，月球正面还有许多年轻的大撞击遗迹，只有几亿年的历史，辐射纹依然清晰可见，例如约 8.1 亿年前形成的哥白尼环形山、1.09 亿年前形成的第谷环形山，以及更年轻的普罗克洛斯环形山。

如何观察

观察这些环绕年轻环形山的辐射纹，最佳时机是在满月时，因为在照亮整个月球正面的强烈阳光下，辐射纹最为明显。最壮观的莫过于第谷环形山周围的辐射纹：它穿越了整个月球正面。透过一台双筒望远镜便足以辨认出它们；使用一台 60 毫米口径的小型望远镜，更能观察它们的细节。用这些仪器也可观察到其他的明亮条纹，例如位于危海边缘的普罗克洛斯环形山周围的辐射纹，像一只大鸟展开的双翼。

参见：8 朔望月；12 月球环形山

图：第谷环形山周围抛落的尘埃是整个月球上最壮观的。哈勃空间望远镜向来很少望向月球，在它拍摄的这张不同寻常的照片上，第谷环形山周围辐射纹的细节一览无余。

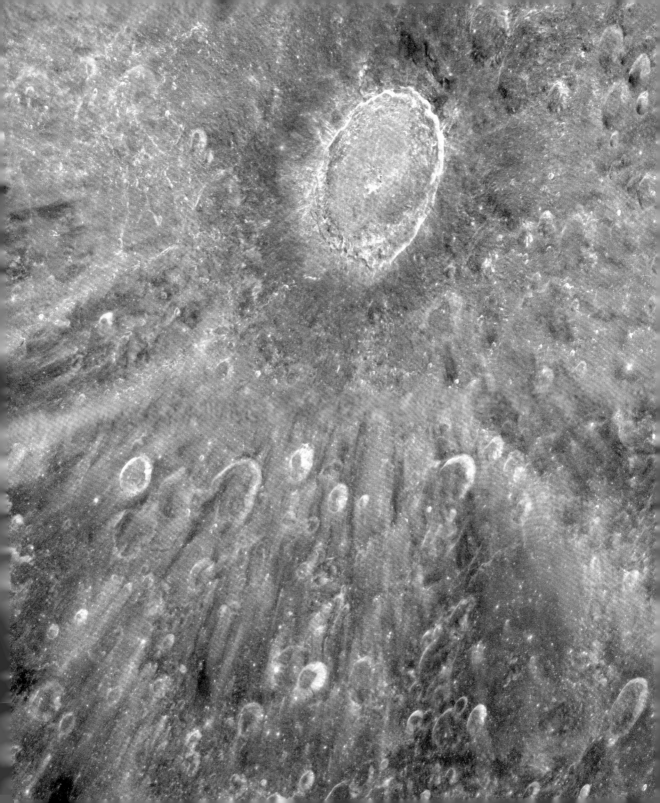

14 亚平宁山脉
月球最高峰

性质：月球山脉
长度：600 公里
最高峰高度：5500 米
最佳观测时机：刚过上弦月

亚平宁山脉是月面的一长串山峦，呈弧形绵延达 600 公里。因为同样具有弯曲的走向，波兰天文学家约翰内斯·赫维留（1611－1687）用意大利的同名山脉为之命名。庞大的亚平宁山脉环绕着广袤雨海的整个东南边界，最高峰惠更斯峰比周围的平原高出近 5500 米，以高程差而论是月球上最高的山峰，旁边的其他高峰也超过 4000 米。亚平宁山脉一侧陡峭、一侧平缓，由此可以推断它是一座巨大环形山的边墙。这道山脉正是诞生于形成了雨海的那场猛烈撞击之后。在亚平宁山脉的山脚下，还有一处特别值得留意的火山断层：哈德利月溪。它曾是熔岩流动的通道，现在成为一道裂隙。哈德利月溪发现于 1971 年阿波罗 15 号登月时，那一次，宇航员首次利用月球车探索了月球的地貌。

如何观察

刚过上弦月，亚平宁山脉在双筒望远镜中清晰可辨。当太阳正从山脉上升起，而周围的平原仍沉睡在黑暗中时，亚平宁山脉的景象最为壮观：一条明亮的弧线浮现在月球明暗交界线东侧的天空。在小型望远镜中还可以观察到日出后山脉长长的影子投射到雨海上，由此足以想象它那令人眩晕的高度，而另外一侧的平缓山坡则难以辨别。纤细的哈德利月溪则在 150 毫米口径望远镜中清晰可见。

参见：9 月海；12 月球环形山

图：这幅由月球勘测轨道飞行器拍摄的照片，清晰地显示出亚平宁山脉宏伟的峰峦。阿波罗 15 号的宇航员曾探索过的哈德利月溪位于照片上方，沿着山脚蜿蜒。

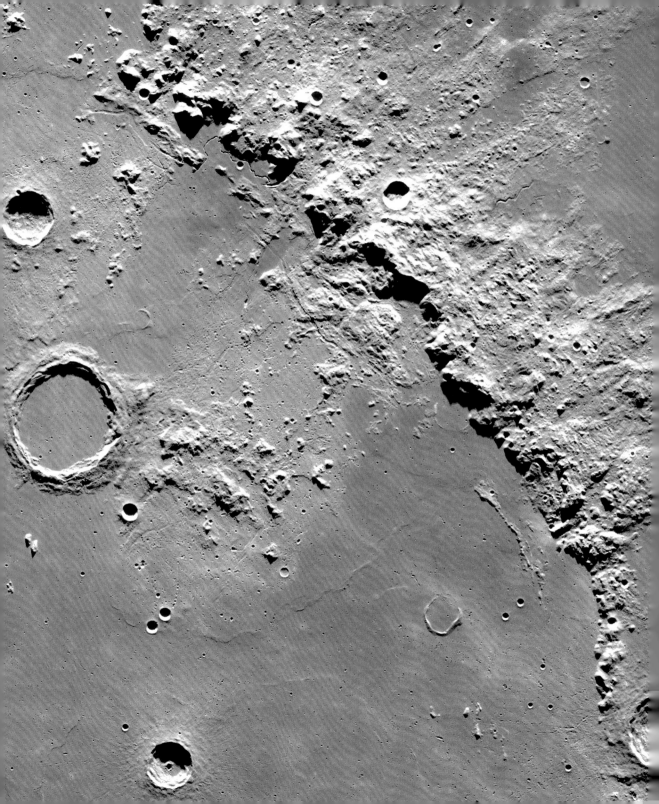

15 直壁
月球上的剑痕

性质：地质断层
长度：110 公里
宽度：2.5 公里
最佳观测时机：刚过上弦月

如何观察

直壁是月面最著名的构造之一，连续数夜观察，会看到有趣的景象。刚过上弦月，用 60 毫米口径的望远镜，即可观察到直壁最高点在月面投下的宽大阴影。接下来每隔一夜，太阳便升起一些，阴影渐渐变窄，在满月前夕消失。到下弦月时，光线换了方向，在太阳的强光下，直壁的斜坡极耀眼却极纤细，用 100 毫米口径望远镜都不大能看清。

参见：9 月海；14 亚平宁山脉；16 月球火山

直壁是月球上最著名的断崖，起源可追溯至逾 30 亿年前。那时，大量熔岩侵入月球的巨大盆地，凝固为玄武岩，形成月海。盆地不堪重负而塌陷，在周围形成纵横交织的裂隙。透过小型望远镜仔细观察月海的边缘，就可以识别出这种构造。直壁也是这样一次沉降运动的结果，准确地说它并非裂隙，而是小小的云海边缘一面巨大的滑坡。直壁得名自它在小型望远镜中的形象，实际上却远非峭壁，而是坡度只有 7 度、垂直落差 300 米的平缓山坡。宇航员即使正在这座"绝壁"的山脚下行走，恐怕都难以认出它。这种难以确定高程差的问题给月面探索带来了诸多不便，比如 1971 年，阿波罗 14 号的宇航员艾伦·谢泼德和埃德·米切尔一直走到了山脚下，都没能辨认出他们要探索的那座环形山。

恰在直壁东侧，有一道真正的裂隙——伯特月溪。它和亚平宁山脚下的哈德利月溪一样，是熔岩流在自身重量下塌陷而成。

大图：在下弦月时，位于照片中央的直壁呈一条细线。200 毫米口径望远镜，焦比 F/8，连接巴斯勒 ACA 1300M 相机。
小图：上弦月时的直壁。355 毫米口径望远镜，焦比 F/19，连接 Skynyx 2-0M 相机。

16 月球火山
微小的熔岩山丘

性质：月球火山
直径：可达 10 公里
高度：可达 200 米
最佳观测时机：根据火山位置而各有不同

曾有一颗庞大的陨石撞向月面，创造了广袤的雨海，然后击穿月壳，冲入月面以下 150 公里深处的月幔层，引发了持续 7 亿年以上的强烈火山活动。此后，岩浆慢慢冷却凝固，黏滞得难以喷发到月面上来，到 31.5 亿年前，时强时弱的火山活动最终停息了；但是，月球古代火山活动遗留的那些几乎难以辨认的火山口，仍令今天的我们好奇。这些小火山通常保存完好，有时在中央还能看到火山筒。火山外侧，熔岩自山坡缓缓流下，堆积形成平缓的斜坡，原理与地球上留尼汪岛的福尔奈斯盾状火山一样。当然，和地球不同，月球上的火山彻底熄灭已有 30 多亿年了。它们的高度只有 100 至 200 米，是地球火山的 1/20。太阳系最小的火山在月球上，最大的则位于火星。火星上的奥林帕斯火山直径超过 500 公里，高度达 26000 米。

如何观察

火山在月面各处均有分布，哥白尼大环形山的西侧尤为密集。由于海拔很低，只有在阳光斜射下，才能在月面明暗交界线附近看到。这时，透过 100 毫米口径的望远镜便可辨认出它们，如果使用 200 毫米望远镜在 200 倍的放大率下观看，还可以辨认出仍然显现于某些火山中央的火山筒。

参见：12 月球环形山；24 火星自转

大图：由环绕月球的阿波罗 8 号宇航员拍摄的照片。照片中央凸显出两座火山，恰好位于柯西月溪下方。当阳光斜射时，从地球上也能看到这些火山口。

小图：哥白尼环形山西侧，马里乌斯环形山附近，有一处壮丽的景观：火山活动形成了近 300 座密集分布的圆丘。

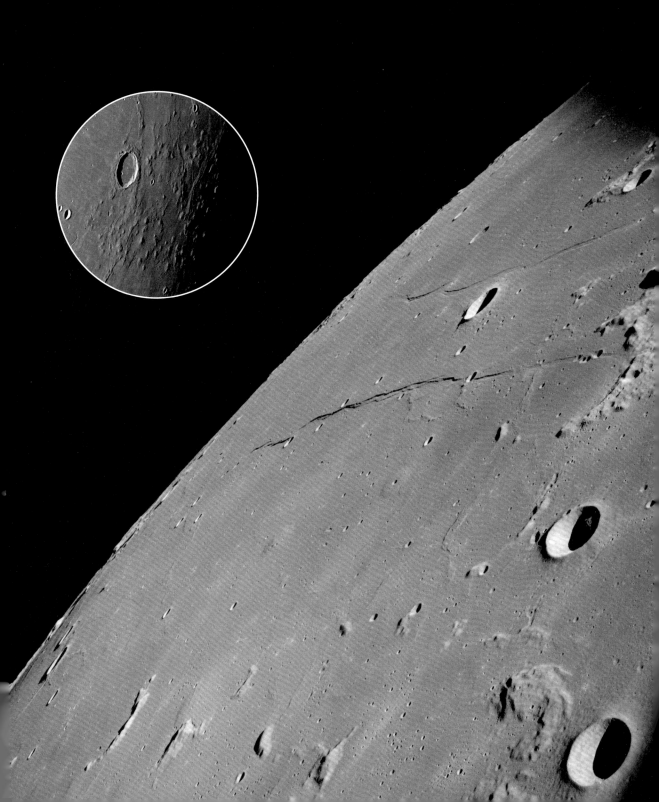

17 月全食
地影中的月球

现象：满月光辉减弱	2018 年 7 月 28 日，02 时 24 分，04 时 22 分，06 时 19 分；
原理：月球进入地影中	
持续时间：数小时	2021 年 5 月 26 日，17 时 44 分，19 时 18 分，20 时 52 分；
即将到来的几次月全食（三个时刻分别为初亏、食甚和复圆）[①]：	2022 年 11 月 8 日，17 时 09 分，18 时 59 分，20 时 29 分

当我们的月球被地球完全遮挡，彻底接收不到太阳光时，就发生了月全食。尽管每逢满月，月球都会处在太阳的相反方向，月食却不常发生：月球绕地球运行的轨道（白道）和地球绕太阳运行的轨道（黄道）有个夹角，使得月球常常从地影的上方或下方经过。每年平均只有一两次，太阳、地球、月球恰好排成一条足够直的线，形成月食。投射到月亮上的地影呈圆形，公元前 4 世纪，亚里士多德正是以此为强力证据，论证大地为圆。古人也用月食推算月亮的大小和地月距离。即便在被地影完全覆盖时，月亮也并不会消失，而是蒙上一层美丽的红色，因为地球大气层吸收太阳光中的短波部分（蓝光），而将长波部分（红光）散射到地影中。

① 此处列出的是中国境内可观测的几次月全食，时间为北京时间。——编注

如何观察

和可见范围极小的日全食不同，月全食发生时，在地球夜半球上的任何地方都能看到。即便在城市、用肉眼，也能完美地观察月全食。在偏食阶段，可以观察月球逐渐被蚕食的过程来了解月球绕地球的快速运动，也能看到地影的圆形形状。月球完全进入地影后即为全食阶段，月轮变得十分暗弱，覆上了一层美丽的古铜色。

参见：8 朔望月；35 日食

图：2016 年 9 月 16 日，巴黎荣军院圆顶大教堂上方，月全食的全过程。连续拍摄，佳能 6D 单反相机，镜头焦距 35 毫米，光圈 f/3.2，曝光时间 1/4000 秒（初亏）至 2.5 秒（食甚）。

18 金星，牧羊人之星
最亮的点状天体

性质：类地行星

大气层成分：二氧化碳

与地球距离：4100 万−2.58 亿公里

反照率：75%

即将到来的几次金星大距：

2018 年 8 月（东大距）

2019 年 1 月（西大距）

2020 年 3 月（东大距），8 月（西大距）

维纳斯是罗马神话中爱与美的女神，也是离太阳第二近的行星的名字[①]。由于距地球很近，而且大气层反射率很高，金星是天空中除了太阳和月亮之外最明亮的天体。惯于利用自然标记定位的牧羊人都熟悉它，于是它也得名"牧羊人之星"。金星的大气内有厚厚的白色云层，像白雪一样反射太阳光。1960 年至 1970 年间，苏联金星号探测器的观察结果表明，尽管拥有维纳斯这般优美的名称，金星却并不是一颗友好的行星。金星的云层中不是水蒸气，而是硫酸液滴；充满二氧化碳的大气层会使人窒息而亡；其表面的大气压是地球的近百倍，如果在金星上，我们甚至会被自己身上的空气压垮。最后一点细节：强烈的温室效应使金星表面的气温高达 460 摄氏度，无论白天还是黑夜。根据 20 世纪 90 年代初麦哲伦探测器绘制的金星图，金星荒芜的表面散布着许多火山，地质学家认为这些火山仍在活跃。

[①]中国古代称其为"太白"，又因为其颜色，依五行命名为"金星"。——编注

如何观察

当距离耀眼的太阳足够远时，金星像一座白炽的灯塔，在黄昏的西方天空或黎明的东方天空闪闪发光。由于处在太阳和地球之间，金星在天空中永远不会离开太阳太远。最远的分隔出现在"大距"时，此刻金星与太阳的距角达到最大，连续几周都出现在地平线之上。白天，当天气极好时，用肉眼也能看到金星。

参见：21 合；23 金星相位

图：映照在地中海上的金星。夜空中第二亮的行星——木星，恰好位于它右下方。佳能 350D 单反相机，镜头焦距 20 毫米，光圈 f/2.8，曝光时间 15 秒，ISO 400，三脚架固定拍摄。

19 暮光中的水星
低调的行星

性质：类地行星
直径：4880 公里
与地球距离：8000 万—2.2 亿公里
公转周期：88 天
自转周期：59 天

即将到来的几次水星大距：
2018 年 7 月 12 日，东大距
2018 年 8 月 26 日，西大距
2018 年 11 月 6 日，东大距
2018 年 12 月 15 日，西大距
2019 年 2 月 27 日，东大距

水星是太阳系中最小、也是距离太阳最近的行星。它沿着周期为 88 天的椭圆轨道运行，近日点距太阳只有 4600 万公里。水星荒芜的表面满布古老的陨石坑，很像我们的卫星月球。美国发射的信使号探测器于 2015 年主动撞向水星表面，此前 4 年间，它绘制出了水星表面地图，更探测到其两极附近有大量的水存在。对于一颗离太阳如此之近、表面温度可达 430 摄氏度的行星而言，这个发现相当惊人。不过，水星没有大气层来留住热量，夜半球的温度可低至零下 180 摄氏度。长久接收不到太阳光的两极地区，因而保存着数量可观的冰。这颗小小的行星并不十分显眼，但古人还是很早就注意到了它。有很长一段时间，希腊人把出现在黄昏天空中的那颗朦胧的行星称为赫尔墨斯，而给黎明天空中的起名为阿波罗。最终希腊人认识到，它们其实是同一颗行星，并保留了赫尔墨斯这个名称。

如何观察

水星或在日落后紧随太阳落下，或在日出前不久才升起。只有在大距前后几日内，才有机会辨认出水星，看上去像是地平线附近的雾气中一粒略呈金色的小圆点。能够捕捉到这颗难得一见的行星，总是让人激动不已。尽管由于地平线附近的大气扰动，用望远镜观察水星较为困难，但透过一台 100 毫米口径的望远镜，是可以辨认出水星相位的。人类第一次目睹水星相位是在 1630 年，发现者是荷兰天文学家马丁·范登霍弗（他流传更广的名字是霍尔滕西乌斯）。

参见：18 金星，牧羊人之星；21 合；36 水星凌日

上图：2011—2015 年间，信使号探测器绘制了整个水星表面的地图。
下图：地平线上，水星在淡红色的暮光中散发着金色光芒。
小图：使用 355 毫米口径望远镜，在昼间拍摄的水星照片。可以辨识出水星表面有若干明亮的区域。

20 行星逆行
当行星"折返"

现象：行星的逆向视运动
原理：地球追上并超过外行星
最佳观测时机：火星或木星冲日前后
持续时间：数月

正如开普勒 1609 年在他著名的第二定律中所声明的，行星皆绕太阳运行，距离越远，运行越慢。不过，从同样环绕太阳运行的地球上看，情况就显得复杂一些。水星和金星看上去似乎在太阳两侧振荡；而"外行星"，即从火星算起所有比地球离太阳更远的行星，则一律自西向东在天空中巡行，距离太阳越远，运行得越慢。因此，只要在几个月内耐心观察火星、木星和土星这 3 颗用肉眼就能看到的外行星，我们就能发现它们以黄道星座为背景缓缓地移动。地球由于距离太阳更近，运行得也更快一些，而这自然不会毫无影响。每当地球"超车"时，外行星看上去就像在天空中开始后退！这就是外行星的"逆行"。这种令人惊奇的现象发生在冲日前后，即太阳、地球、外行星排成一条直线，且地球和外行星位于太阳同侧时。小行星也会如此逆行，其中以火星与木星之间的那些最为明亮。

如何观察

火星由于距离地球最近，逆行的幅度最大，是最适合观察逆行运动的行星。更远处的木星也是一个诱人的目标，但土星的逆行运动则相对微小，不易觉察。观测逆行运动时，应当在冲日之前的那个月先确定目标行星的位置，寻找附近的一颗恒星作为固定参照物，并在冲日之后的那个月内反复观察。其间目标行星将自东向西移动，与平时的方向相反。几星期后，逆行结束，目标行星又开始沿着正常的方向在天空中徐行。

参见：26 小行星；27 木星和大红斑

上图：叠加而成的图片完美展现了 2005 年火星在冲日前后的逆行轨迹。
下图：在间隔 3 个月拍摄的照片中，位于天蝎座的火星和土星向西移动得非常明显。

21 合
天空中的行星芭蕾

现象：月亮与行星或行星彼此之间的视位置相近

持续时间：数日

近期较为壮观的几次合：2022 年 4 月 30 日，金星合木星（傍晚）；2023 年 1 月 22 日，金星合土星（傍晚）；2023 年 3 月 2 日，金星合木星（傍晚）；2024 年 8 月 14 日，火星合木星（黎明）

　　行星围绕太阳运行的轨道几乎都在同一平面，因此对地球上的观测者来说，行星不会在天空中任意移动，而是只会出现在黄道（太阳视运动的轨迹）附近的星座中。黄道星座在西方的统称源于希腊语 "ζῳδιακὸς κύκλος"，意为 "动物的圆圈"，因为这些的名称来源都与动物相关。 此外，行星的运行速度各有差异，离太阳越近，运行得越快。水星 3 个月环绕太阳一周，而土星则需要 30 年。同样从不远离黄道的月球，在天空中运行一周只需不到 1 个月。这些参差的运动周期，使月球和行星定期在黄道附近相遇，称为 "合"。相合的两个天体有时十分靠近，甚至能同时出现在一台望远镜的视野中。如果两个天体重合得极为完美，"合" 就变成了 "掩"。

如何观察

月球和金星、火星、木星或土星的相合几乎每月都会发生，而且肉眼即可观察。由于月球在天空中的位置变化很快，月合行星最多只持续一两天。最有意趣的月合行星发生在蛾眉月或残月时的黎明或傍晚，此时月如弯钩，地照也隐约可见。两颗行星也可以相合，并且能够持续数日，其间逐渐改变相对位置。有时，月球也会加入其中，构成一幅美丽的图景。

参见：10 地照；20 行星逆行；22 月掩星

图：在城市里也可以完美领略月合行星的美景，这幅月球、金星和木星在巴黎圣母院上空相合的照片便是明证。佳能 1100D 单反相机，镜头焦距 24 毫米，光圈 f/4，曝光时间 1 秒，ISO 100，三脚架固定拍摄。

22 月掩星
当月亮遮蔽星光

现象：月球遮盖星体

原理：观察者、月球和星体恰好在一条直线上

持续时间：可达 1 小时

即将发生的几次月掩行星[①]：

2019 年 2 月 2 日，月掩土星

2019 年 7 月 4 日，月掩火星

2019 年 11 月 28 日，月掩木星

在每月环绕天空的旅程中，月球不时从一些恒星和行星近旁经过，形成月合星体的现象。偶尔，月球和星体的位置恰好在一条直线上。由于月球离地球最近（只有 40 万公里），是夜空中视直径最大的天体，所以这时，它能将行星或恒星完全遮挡，称为月掩星。星体被月亮彻底遮住期间没多少可看之处，值得屏息观测的是它消失和重现的时刻。月掩行星尤其壮观，因为月球需要运行一小段时间才能将行星的圆面完全遮蔽，相比之下，恒星会在瞬间消失。根据月球的运行速度计算可知，月掩星最长可持续 1 个小时。在极其罕有的情况下，行星也会掩蔽恒星。这种现象很能激起科学上的兴趣，因为可以借此时机探测目标行星的环境和大气成分。美国天文学家埃利奥特、邓纳姆和闵克正是由于 1977 年天王星掩恒星 SAO 158687 时后者的反复隐现，发现了天王星的 3 个主要光环。

---

①月掩星各地可见情况不同。原文列出的是适宜法国境内观测的，此处改为中国境内部分地区可观测的。时间为北京时间。——编注

如何观察

月掩星现象在望远镜中观察效果更佳，因为明亮的月光时常限制了肉眼的观测精度。透过 60 毫米口径、放大率 50 或 100 倍的望远镜，能够清晰地观测到巨大的月轮从小小的行星圆面或光环上经过。行星消失或重现的过程可持续 1 分钟之久。尽管行星会在何时从何处冒出月亮的边缘是可以预见的，但是行星真正重现的那一刻，总是令人惊喜。

参见：8 朔望月；21 合

上图：金星自月球被太阳照亮的边缘重现。105 毫米口径望远镜，焦比 F/5.8，连接佳能 350D 单反相机，曝光时间 1 秒，ISO 200。
下图：土星重现于月球的暗边。105 毫米口径望远镜，焦比 F/60，曝光时间 1/4 秒，普罗维亚 400F 胶片。

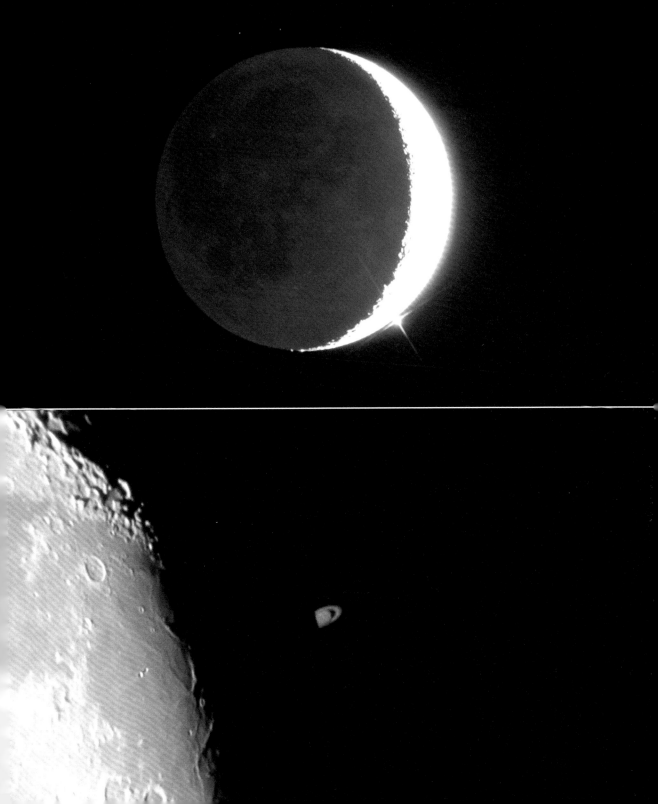

23 金星相位
金星的阴晴圆缺

性质：类地行星
直径：1.21 万公里
与太阳距离：1.07 亿–1.09 亿公里
公转周期：225 天
自转周期：243 天

1610 年年末，伽利略首次发现了完整的金星相位周期（约 584 天），其呈现的规律用地心说无法解释，相反，它表明金星是绕着太阳而非地球运行。这为哥白尼的日心说提供了强有力的支持。伽利略在 1632 年发表的《关于托勒密和哥白尼两大世界体系的对话》中公布了这一发现，却因此遭到教会的审判，蒙受耻辱，被迫放弃自己的观点，在软禁中度过晚年。然而他是对的：金星在地球的内侧绕着太阳转动，因此，我们可以看到金星被照亮部分的形状一直在变化。金星的公转轨道半径是日地距离的 2/3，公转周期为 225 个地球日。奇特的是，金星的自转方向与太阳系其他行星相反，而且极为缓慢，金星上的一日长达地球上的 243 天。与此相对的是，金星的大气环流却又异常迅猛，大气中的酸性云层仅 4 个地球日便可环绕金星一周。这个周期是法国天文爱好者夏尔·博耶于 1957 年分析自己用 256 毫米口径望远镜拍摄的一系列紫外线成像照片时发现的：了不起的成就！

如何观察

金星与地球的距离随其在轨道上的位置而大幅变动，因此，它的视直径也随相位变化而不断改变。一台 60 毫米口径、放大率 50 倍的折射望远镜便可准确地观察到这一现象。金星离我们较远时，更圆一些，视直径相对较小；随后金星逐渐亏缺，在大距时变化为半圆。最终，当金星逐渐接近地球，视直径逐渐变大，但相位也变得纤细如钩。

参见：8 朔望月；18 金星，牧羊人之星

上图：20 世纪 90 年代，麦哲伦号探测器利用雷达测绘了金星表面。
下左图：1979 年，先驱者号探测器只拍摄到金星浓密的大气层。
下右图：从地球上观察，金星的相位变化十分壮观。

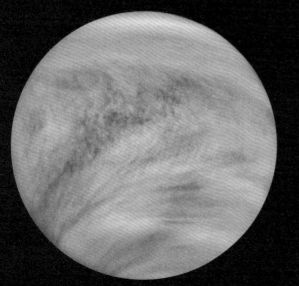

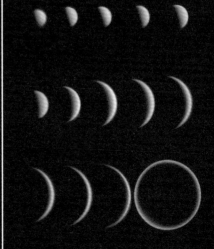

24 火星自转
见证行星转动

性质：类地行星	最近几次火星冲日时间及所在星座：
直径：6780 公里	2018 年 7 月　　摩羯座
与太阳距离：2.07 亿−2.49 亿公里	2020 年 10 月　　双鱼座
公转周期：687 天	2022 年 12 月　　金牛座
自转周期：24 小时 38 分	2025 年 1 月　　双子座
	2027 年 2 月　　狮子座

　　按照与太阳的距离从近到远，火星排在第 4 位。这颗红色的行星吸引了人类最期盼的目光，勇气号、机遇号、好奇号……我们已不再关心有多少来自美国航空航天局的火星车驶过它的表面，而是满心等待着人类在火星上迈出第一步的那天到来。火星地表是一片满布岩石的戈壁，由于岩石中含有氧化铁而呈橘红色。由于岩石成分的微小差异，从地球上看，火星上有些区域的颜色有所不同，人们根据大小，将其称为"海"或"湖"。实际上，和人们对月海的误解一样，直到 20 世纪初，仍有天文学家坚持认为这些"湖""海"之中可能真的有液态水。火星的自转周期是 24 小时 38 分，比地球的稍长。在这一周期内，我们可以遍览火星表面每一片"湖"和"海"。这颗红色星球自古是无数幻想的源泉，19 世纪末，许多观测者认为他们在火星上看到了人工运河，其中包括美国著名的天文学家帕西瓦尔·罗威尔。随着望远镜精度提高，火星上的运河化为乌有，但关于火星"小绿人"的想象仍然经久不衰，直到 20 世纪 60 年代火星探测启动之后，才渐渐沉寂。

如何观察

每隔两年零两个月火星冲日时，是观察这颗行星的最佳时机。冲日现象前后，透过一台 200 倍放大率的望远镜，棕灰色的"湖"和"海"隐约可辨。但要注意，这些区域的对比度并不高，一旦大气层扰动较大，就消失不见了。每隔 1 小时观察一次，便可以看出这些区域在火星的圆面上向西移动。由于火星的自转比地球略慢，间隔几夜在同一时刻的观测结果也可以揭示火星的自转。

参见：20 行星逆行；25 火星极冠

上图：海盗号探测器在 20 世纪 70 年代拍摄到的水手谷的壮观景象。

下图：利用一台强力的业余天文望远镜拍摄的火星自转。在其中几张照片中可以辨认出暗线状的水手谷。

25 火星极冠
另一颗行星上的季节更迭

性质：冰盖
直径：可达 1000 公里
厚度：可达 3 公里
最佳观测时机：参见右表

即将到来的火星春分日和秋分日：

春分日	秋分日
2019 年 3 月	2020 年 4 月
2021 年 2 月	2022 年 2 月
2022 年 12 月	2024 年 1 月
2024 年 11 月	2025 年 11 月
2026 年 9 月	2027 年 10 月

火星上也有四季更迭：和地球一样，火星的自转轴也倾斜于公转平面。火星绕太阳一周大约需要两个地球年，因此，一季的长度也是地球的两倍。火星两极覆盖着冰盖（极冠），冬季始终处在极夜的黑暗之中。由于火星极冠富含极易挥发的固态二氧化碳(干冰)，加之其表面的气压很低，相比地球冰盖，火星极冠受季节变化的影响要大得多：在冬季大规模地扩张，又在夏季迅速缩小。极冠消融时，会向大气层释放出大量水蒸气，或凝结为云，或在地表结成厚厚的霜。有时，四季变化带来的风暴能席卷整个火星。在 37 亿多年前，火星上有过流动的液态水，在其表面留下大量侵蚀遗迹，例如最宽处可达 600 公里的水手谷。

如何观察

火星极冠能强烈地反射阳光，因此异常明亮。尽管如此，若想从火星小小的圆面上分辨出极冠，仍至少需要一台口径 100 毫米、放大率 200 倍的望远镜。由于火星公转平面与赤道面有倾角，通常每次观测时只能看到一个极冠，呈现为一个明亮的小斑点。观察极冠变化的最佳时机是火星的二分点前后，那时火星极冠消融或扩张得最快。间隔 1 个月进行观测，两次所见的火星极冠即有明显不同的面貌。

参见：20 行星逆行；24 火星自转

上图：火星全球勘探者号拍摄的火星北极地区。
下图：从地球上观测到的火星极冠变化，摄于火星北半球初春和春末。355 毫米口径望远镜，焦比 F/35，连接 Skynyx 2-0M 相机。

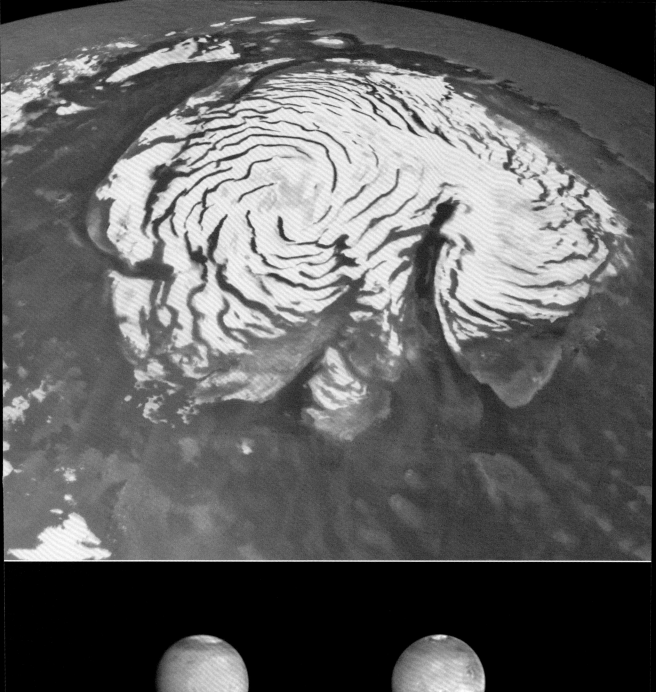

26 小行星
环绕太阳的巨石

性质：岩石
直径：可达 975 公里（谷神星）
与地球距离：可为任意距离
最佳观测时机：须查询天文历书

太阳系诞生之初，不计其数、大小各异的石块聚集成了行星，但仍有残余。在某些区域里，这些碎石依然保持着散落状态。1801 年，意大利人朱塞佩·皮亚齐偶然发现了其中一块碎石，它被命名为"谷神星"。随后数年间，人们又发现了许多类似的天体，并把它们命名为"星状体"（astéroïdes），因为在望远镜中，它们貌似恒星却持续移动。时至今日，小行星家族已经壮大到数十万之众。火星和木星之间小行星最为密集，称"小行星带"。另一片小行星密集区域位于太阳系边缘，称"柯伊伯带"。小行星由岩石、冰块或金属构成，大小和形状各异，其中的大块头，如谷神星，直径将近 1000 公里。这些较大的小行星尽管呈球形，却仍不足以被称作真正的行星，它们和如今的冥王星一样，归为"矮行星"一类。还有一类小行星则让人后背发凉：近地小行星。这类小行星的轨道和地球轨道相交，有一天可能会撞向地球。为此，地球上的望远镜一刻不停地追踪着它们的动向。

如何观察

许多小行星都足够明亮，用 60 毫米口径望远镜就能观察到。至少有 35 颗小行星在冲日前后视星等小于 9。然而，由于外表类似恒星，它们就像变色龙一样隐身于星空之中。观测时，必须借助天文历书来确定小行星的位置，将它从无数恒星中甄别出来，这是一项艰苦的劳作，需要极大的耐心和专注。用望远镜可以观察到，和行星一样，小行星也会相对周边的恒星缓慢移动。

参见：5 彗星；20 行星逆行

图：太空探测器曾造访过的一部分太阳系小天体：矮行星冥王星，小行星灶神星、爱神星，以及丘留莫夫 - 格拉西缅科彗星。用小型业余天文望远镜即可追踪到小行星的运动。

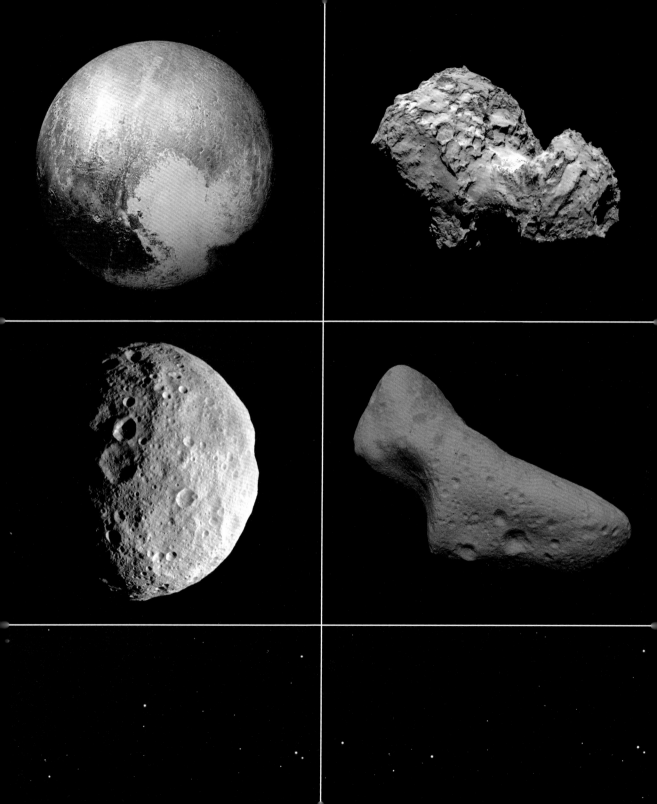

27 木星和大红斑
巨大的气旋

性质：气态巨行星		最近几次木星冲日时间及所在星座：	
直径：13.98 万公里		2019 年 6 月	蛇夫座
与太阳距离：7.4 亿—8.17 亿公里		2020 年 7 月	人马座
公转周期：11 年 315 天		2021 年 8 月	摩羯座
自转周期：9 小时 50 分		2022 年 9 月	双鱼座

　　木星的直径约为地球的 10 倍，是太阳系最大的行星。它的自转速度惊人，只需不到 10 小时就可转动一周，大气中的云层因此整体上呈互相平行的条纹。低压气旋和高压反气旋夹在条纹中比邻而居，其中最著名的便是法国天文学家让·多米尼克·卡西尼于 1665 年发现的大红斑，醒目的红色可能源自其中的含磷分子。这个高压反气旋比整个地球还大，已经存在了至少 350 年。出人意料的是，大红斑正在萎缩：一个世纪以来，它的直径已经从 4 万公里缩小到了 1.6 万公里。按照目前的速率，再过 20 年，大红斑就将彻底消失！天文学家认为，哈勃空间望远镜最近发现的小型内部气旋可能是大红斑萎缩的原因。2016 年，朱诺号探测器成功进入木星轨道，这一猜想将很快得到检验。

如何观察

木星表面最醒目的两条云层条纹在最小型望远镜中也清晰可辨。大红斑则较为细微，用 100 毫米口径望远镜观察更为适宜。大红斑正对我们时，是镶嵌在木星南半球条纹中一颗橙色的小椭圆。大红斑是观察木星快速自转的绝佳参照物，它随着大气层，以每小时 4.5 万公里的速度绕这颗巨大的气态行星高速运转，在仅仅间隔半小时的两次观测中，就可看出它改变了位置。

参见：20 行星逆行；24 火星自转；28 伽利略卫星

上图：木星大气层的自转仅隔两小时便已十分明显。355 毫米口径望远镜，焦比 F/19，连接巴斯勒 ACA 1300M 相机。

下图：俯瞰大红斑，由旅行者 1 号探测器拍摄。

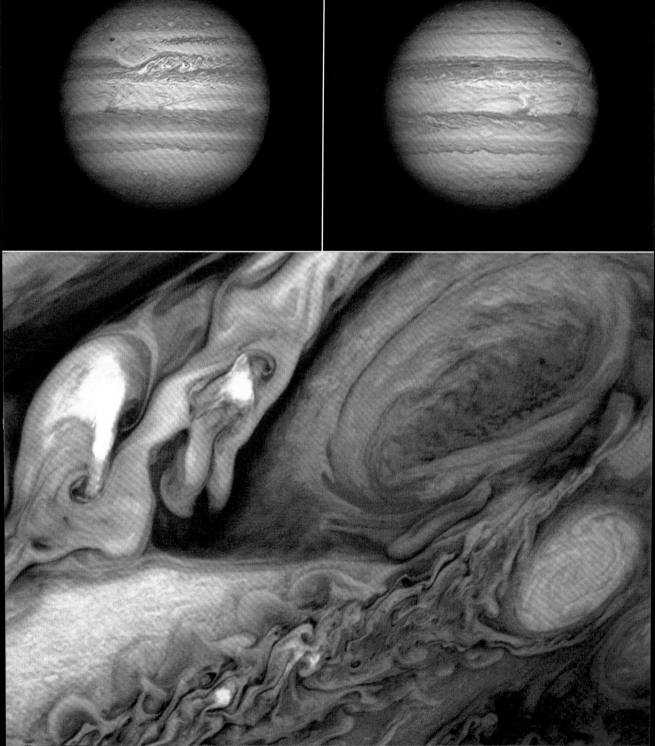

28 伽利略卫星
木星的卫星群

性质：固态天体
直径：3140–5270 公里
与木星距离：42.2 万–188.3 万公里
绕木星公转周期：1.8–16.7 天
自转周期：与公转周期同步

伽利略于 1610 年发现了木星最大的 4 颗卫星，并且立即确认它们环绕这颗巨大的行星运转。这项历史性的发现表明，与当时仍然流行的地心说不同，并不是所有的星体都绕地球运行。借助太空探测器，至今人们已经发现了 69 颗木星卫星。4 颗伽利略卫星：木卫一（艾奥）、木卫二（欧罗巴）、木卫三（盖尼米德）和木卫四（卡利斯忒），仍是其中的佼佼者，比其他卫星大得多。木卫二直径 3140 公里，只比月球略小；木卫三直径 5270 公里，是太阳系中最大的卫星。这些卫星特征各异，对天文学家颇具吸引力。距木星最近的木卫一有强烈的火山活动；20 世纪 90 年代，伽利略号探测器发现，木卫二的冰层之下有液态水的海洋；在木星引力的作用下，木卫三可能仍存在板块运动；伽利略卫星中距离木星最远的木卫四则可能更像太阳系中的其他卫星，是一颗死寂的星球。欧洲空间局计划于 2022 年发射木星冰月探测器，以便近距离研究这些木星卫星。探测器预计将在 2032 年抵达目的地。

如何观察

用双筒望远镜就可观测到伽利略卫星，它们是明亮的木星圆面旁几粒细小的光点。透过 30 倍放大率的小型望远镜，则可获得更理想的观测效果。这些卫星快速公转，一刻不停地改变着相对位置。离木星最近的木卫一不到两天便可公转一周，最远的木卫四则需要 16 天。重现伽利略的观测是很容易的，只需逐夜记录这些星点的位置；观测结果绝对富有启发。透过 200 毫米口径望远镜，卫星的细小圆面也可呈现在眼前。

参见：20 行星逆行；27 木星和大红斑

上图：只需 1 小时，便可观察到木星的自转和木卫三的公转。355 毫米口径望远镜，焦比 F/35，连接 Skynyx 2-0M 相机。
下图：按实际大小比例呈现的伽利略卫星彩色照片。图片来自美国航空航天局。

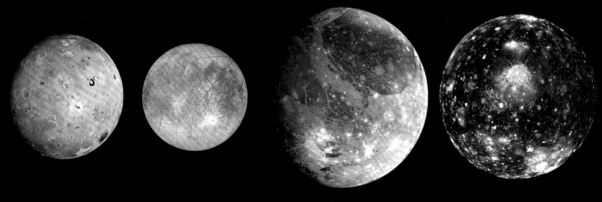

29 土星和土星光环
太阳系的杰作

性质：气态巨行星	**最近几次土星冲日时间及所在星座：**
直径：12.07 万公里	2018 年 6 月　　　人马座
与太阳距离：13.5 亿–15 亿公里	2019 年 7 月　　　人马座
公转周期：29 年 165 天	2020 年 7 月　　　人马座
自转周期：10 小时 1 分	

　　1655 年，荷兰学者克里斯蒂安·惠更斯确凿地发现了土星光环。它们由无数小冰块和尘埃组成。土星光环极宽而极薄，宽度超过 14 万公里，厚度却只有数十米。天文学家尚未探明它的起源，或许是一颗大卫星曾经距离土星太近，被土星的潮汐力撕裂；又或许是构成土星光环的这些微粒从来没能聚集成卫星。由于与土星卫星的相互作用，土星光环中存在大约 60 条缝隙，环缝中微粒极为稀薄，最著名的卡西尼环缝宽达 4500 公里。随着土星在轨道上运行，地球上观察到土星光环的角度也在改变。土星绕日一周约需要 30 年，在这一公转周期内，土星光环的倾角先是越来越大，光环越来越明显，直到倾角达到极大值；随后，光环逐渐减小，直到彻底消失，再从另一侧显现出来。土星是太阳系中密度最小的行星，和所有的巨行星一样，大气的主要成分是氢和氦。但土星大气中还含有少量氨，使其表面呈现独特的黄色。

如何观察

透过 60 毫米口径望远镜，便能清晰地观察到土星及其光环，宛如一幅飘浮在宇宙中的精美的细密画。当土星光环倾角很大时，用 100 毫米口径望远镜能够看到一道黑色的条纹，那就是以其发现者命名的卡西尼环缝。土星圆面也值得一观：独特的黄色圆盘，条纹状的云层隐约可见。土星光环的倾角逐年发生明显的改变，每隔 15 年，就"消失"一次，下一次"消失"将发生在 2025 年。

参见：20 行星逆行；22 月掩星

图：2004 年（左上）至 2011 年（右下）的 7 年间，土星光环的倾角发生了极为明显的改变。355 毫米口径望远镜，焦比 F/35，连接 Skynyx 2-0M 相机。

30 天王星
蓝绿色弹珠

性质：冰质巨行星	最近几次天王星冲日及所在星座：
直径：5.07 万公里	2018 年 10 月　　白羊座
与太阳距离：27.35 亿–30.06 亿公里	2019 年 10 月　　白羊座
公转周期：84 天 6 天	2020 年 11 月　　白羊座
自转周期：17 小时 15 分	2021 年 11 月　　白羊座
	2022 年 11 月　　白羊座
	2023 年 11 月　　白羊座

1781 年 3 月，德裔英国天文学家威廉·赫歇尔（1738—1822）偶然发现了一颗新的"彗星"。但是，其外观和圆形的绕日轨道很快表明，这是一颗新行星。天王星的发现是一次真正的思想革命：太阳系的疆域数千年来一直是太阳、地球和肉眼可见的五大行星，却在一夕之间大为扩展。天王星是一颗巨行星，大气主要成分是氢和氦，还有一些甲烷，因而呈现出蓝绿色。与木星和土星相比，天王星大气层非常宁静；其表面温度常年低于零下 200 摄氏度。这颗遥远的行星有一种奇妙的性格：它的自转轴大体上与公转平面重合，可以说是躺在轨道上运行。天王星有至少 27 颗卫星和 10 余道光环，其中 3 道光环是 1977 年观测天王星掩恒星时发现的。旅行者 2 号探测器于 1986 年飞掠天王星，这也是人类造物迄今唯一一次造访。幸运的是，尽管天王星距离太阳达 30 亿公里，现在，通过哈勃空间望远镜，天文学家已经能够获得它的清晰图像。

如何观察

天王星冲日前后，视星等接近 6，能够用肉眼看到。在双筒望远镜中，它像是一颗明亮的恒星，但是在群星环绕之中很难识别。一台口径 60 毫米、放大率 100 倍的望远镜能够清晰呈现天王星的圆面，而不再有混淆之虞。在 100 毫米口径望远镜的低倍率目镜中，天王星呈现出灰绿色。透过 400 毫米口径望远镜，则能看到天王星的 4 颗卫星：天卫一至天卫四（阿里尔、翁布里埃尔、泰坦妮亚和奥伯龙）。它们垂直于黄道的连线堪称一道奇观。

参见：22 月掩星；29 土星和土星光环；31 海王星

大图：1986 年，旅行者 2 号探测器飞掠天王星时，天王星的大气层格外宁静。据观测，天王星上也时有风暴。

小图：强力的业余天文望远镜可以捕捉到天王星时而显现的云带。355 毫米口径望远镜，焦比 F/20，红外滤镜，连接巴斯勒 ACA 1300M 相机。

31 海王星
太阳系最后一颗行星

性质：冰质巨行星
直径：4.925 万公里
与太阳距离：44.53 亿—45.54 亿公里
公转周期：164 年 324 天
自转周期：17 小时 15 分

海王星是唯一一颗"算出来"的行星。通过观察天王星轨道的摄动，天文学家推测出了海王星的存在。1846 年 9 月，乌尔班·勒维耶将他计算出的坐标告知普鲁士天文学家约翰·伽列，后者很快便在预计位置附近发现了新行星。海王星与天王星很像，同为气态行星，直径也都在 5 万公里左右；大气层呈天蓝色，源自甲烷和其他一些尚未探明的成分。这片大气层相当活跃，风速可达每小时 2000 公里。旅行者 2 号探测器在 1989 年飞掠海王星期间、哈勃空间望远镜自 1994 年起，都观测到海王星表面有许多椭圆形的大黑斑，很容易使人联想到木星的大红斑。1984 年，得益于海王星掩恒星现象，人类首次从地球上发现海王星也有纤细的光环。海王星有 14 颗卫星，最大的卫星海卫一（特里同）直径 2700 公里，发现日期只比海王星本身晚了 17 天。2006 年，冥王星被降级为矮行星，于是，距离太阳 45 亿公里的海王星成了太阳系最后一颗行星。海王星是如此遥远，它反射的太阳光需要 4 小时才能抵达地球，而太阳本身发出的光芒抵达地球只需 8 分钟。

如何观察

海王星在天空中运行一周需要 164 年。直到 2022 年，它都会停留在宝瓶座。在 60 毫米口径望远镜中，海王星像是一颗不太明亮的恒星，若没有自动寻星功能，很难找到它的踪影。不过，口径 100 毫米、放大率 150 倍的望远镜便能显示出海王星细小的圆面；在低倍率下，显现微弱的蓝色。使用 250 毫米口径望远镜，还可以在海卫一距海王星最远时观察到这颗巨大的卫星。

参见：27 木星和大红斑；30 天王星

大图：巨型风暴在海王星蓝色的大气层中肆虐。1989 年由旅行者 2 号拍摄。
小图：透过 100 至 200 毫米口径望远镜，可以认出海王星的彩色圆盘（左图，业余望远镜中的逼真画面）；如果能辨识出细节，就可谓成就非凡了（右图，利用业余望远镜捕捉到的几处风暴）。

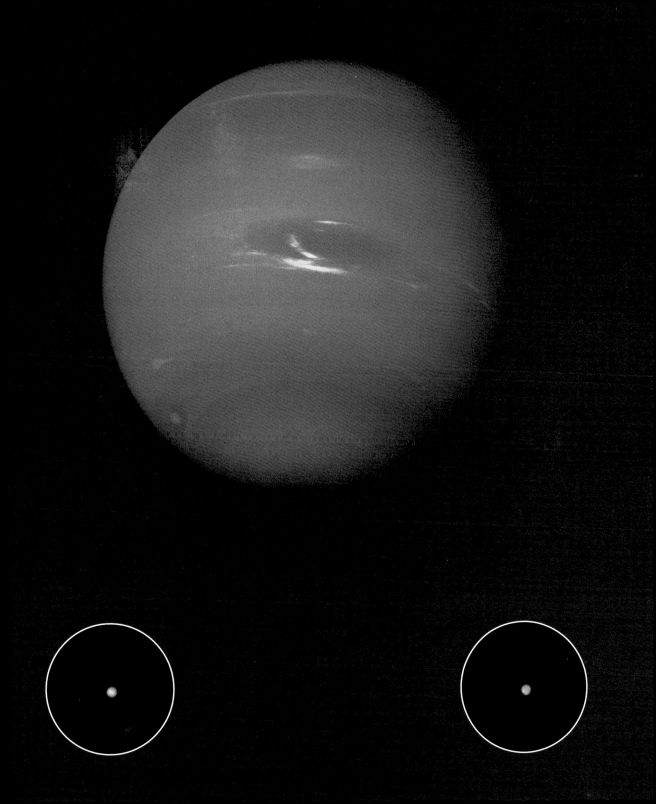

32 日面
肉眼可见的恒星表面

性质：恒星
年龄：46 亿年
直径：140 万公里
温度：1400 万摄氏度（核心）
寿命：150 亿年（含红巨星、白矮星阶段）

　　太阳是一颗恒星：一团明亮而炽热的气体，内部的核反应每秒将 6 亿吨氢聚变为氦。太阳的直径相当于把 109 个地球首尾相接，但这一尺度在我们的银河系浩瀚的恒星世界中实属寻常，还有些恒星直径甚至达到太阳的 1000 倍。尽管如此，对人类而言，太阳仍然具有独一无二的地位，因为我们的地球正是紧紧环绕它运行。天上的其他恒星都远在许多光年以外，而太阳距我们只有 8 分钟的光程，不足其他恒星的百万分之一。因此，其他恒星只是夜空中微小的光点，但太阳的圆面用肉眼就能清晰地看见。太阳这层明亮的表面称为光球，温度接近 5500 摄氏度，因此太阳的真实颜色是非常淡的黄白色。然而，当阳光穿透我们的大气层，一部分波长的光会被过滤、散射，太阳因此呈现鲜明的黄色；在地平线附近时，它甚至显出橙红色。

如何观察

想用肉眼安全地观察太阳，日食眼镜效果绝佳，价格也不贵。戴上它，就能直接观察太阳的光球，它的视直径和满月相同（正因如此，才会发生日全食）。这个黄色的圆盘使我们意识到，相比其他恒星，太阳近得多么不同寻常。有时，在多雾的傍晚，可以在没有保护措施的情况下直视太阳落山，因为此刻大气层充当了滤光镜，太阳仿佛一个巨大而通红的圆球。落日总是显得格外庞大，这其实是我们的大脑将太阳与地表景物对比而形成的光学错觉。实际上，太阳无论在地平线附近还是在天顶，视直径都是几乎相同的。

参见：33 太阳黑子；35 日食

图：在留尼汪岛拍摄这幅照片时，太阳的圆面依然十分炫目，观看时，必须使用滤光眼镜。佳能 1100D 单反相机，镜头焦距 200 毫米，光圈 f/11，曝光时间 1/1250 秒，ISO 100。

33 太阳黑子
我们的恒星活跃不宁

性质：太阳上的低温区域
直径：可达数万公里
温度：4000 摄氏度
寿命：数小时至数周

　　太阳表面像是一口沸腾的大锅，数千个气泡翻腾不已，形成了我们所称的"米粒组织"。在有些区域，由于受强磁场约束，这些气体无法自由地对流，温度比周围要低 1500 摄氏度以上，这便是太阳黑子。尽管其温度仍高达 4000 摄氏度，但与周围的温度差已经足以使它们显得暗淡。最大的太阳黑子直径可达数万公里，能盛下好几个地球。这样的黑子用肉眼就能看到，因此，自古以来备受注意，现存最古老的记录来自公元前 28 年的中国。1610 年，伽利略证明，黑子本质上是太阳自身的一种结构。太阳黑子由一个较暗的核心（本影）以及周围纤维状结构的区域（半影）构成。它们一刻不停地变幻，有些诞生后几小时就消失了，有些则能存在数周之久。因为太阳是一颗以 11 年为周期变化的恒星，太阳黑子的数目也随之起伏。我们对太阳活动了解得还很少，借助太阳动力学天文台（SDO）和日地关系天文台（STEREO）等人造卫星，天文学家正在持续地观测我们的恒星。

如何观察

为了安全地观测太阳，在望远镜前放置一片能遮住整个镜头的滤光镜，是十分必要的。透过 60 毫米口径望远镜便可清晰地看到太阳黑子，通常可以区分出位于中央的黑暗本影和周围颜色较浅的半影。太阳黑子的分布在几天内就会改变：黑子本身不停地变化，太阳自转也使它自东向西移动，27 天便可转动一周。在口径 150 毫米、放大率 200 倍的望远镜中，有时还可以隐约辨认出米粒组织，这些微小的等离子体实际面积只比法国略小，不断地在太阳表面爆裂。

参见：32 日面；34 日珥

上图：日面（2014 年 10 月 23 日），其上点缀着人类迄今观察到的最大的太阳黑子之一。
下图：一组太阳黑子在两天内的变化，米粒组织清晰可辨。355 毫米口径望远镜，焦比 F/19，连接巴斯勒 ACA 1300M 相机。

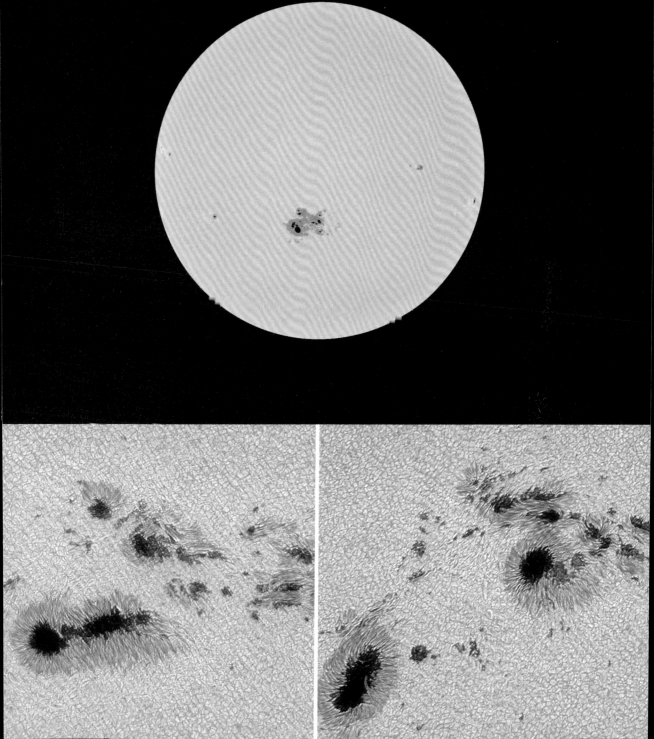

34 日珥
太阳抛射的火焰

性质：等离子体喷射物
长度：可达数十万公里
温度：3 万摄氏度
寿命：数分钟至数日

　　日珥是太阳四周的气体喷流，来自太阳大气中部的色球层。色球层在日全食时可见，是太阳的红色边缘。它的红色源于电离的氢原子，而氢元素正是恒星的主要成分。日珥往往会落回太阳表面，降落的过程可达数日之久；有时它们也会逃逸，速度达到每秒 1000 公里。当这些气体喷流径直飞向地球时，会激发绚丽的极光，乃至毁坏人造卫星。长期以来，人们只能利用日全食那短暂的一段时间来观测色球层，1930 年前后，天文学家贝尔纳·李奥发明了日冕仪，可以持续地观测这些"太阳的火焰"。日冕是太阳大气的外层，在色球以外宽广地延展开来，直径达数百万公里。日冕的温度高达数百万摄氏度，其原理尚不明晰。美国航空航天局计划于 2018 年 7 月发射"帕克太阳探测器"，由此将可以对这片仅在日全食时或太空中才能看到的区域展开持续数年的研究。

观察色球需要一台日冕仪，或者 H-α 滤镜。透过这种滤镜观察太阳，眼前是一场真正的奇观——日珥不可预知的盛大舞蹈。日珥有时沿着日面边缘形成美丽的卷曲结构，有时又如同冒出来一朵滑稽的蘑菇。宁静的日珥可以在一处停留数日之久，而最活跃的在几小时内便会逃逸。日面正前方的日珥，则仿佛一场正在上演的皮影戏。

参见：7 极光；33 太阳黑子；35 日食

图：通过装有 H-α 滤镜的望远镜观察太阳，日面完全变了样：日珥环绕在表面和四周。80 毫米口径望远镜，焦比 F/15，装有 60 毫米 Solarmax 滤镜，连接 Lumenera 24×36 相机。

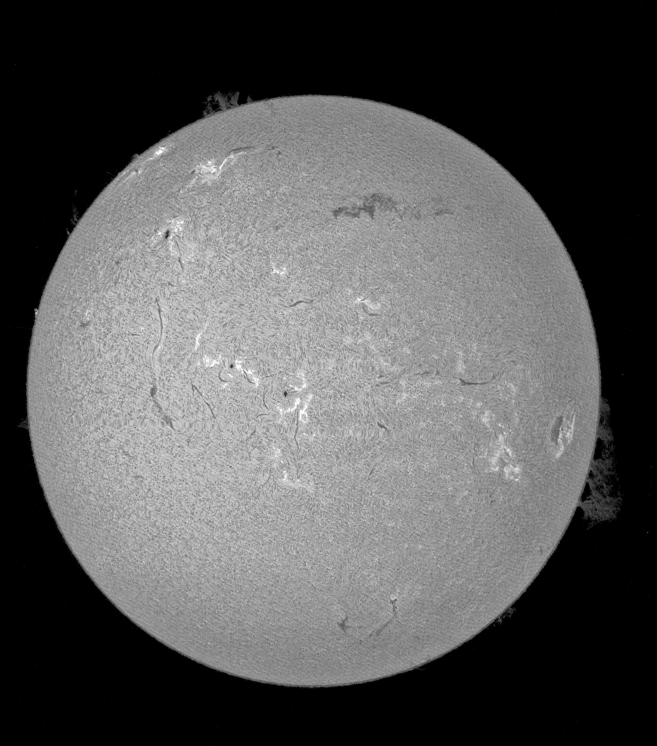

35 日食
太阳显露出自己的大气层

现象：太阳在白昼消失	
原理：月球从太阳前经过	
持续时间：数分钟	
最佳观测时机：处于全食带中心时	

最近几次日全食：

日期	见食地区
2019 年 7 月 2 日	阿根廷、智利
2020 年 12 月 14 日	阿根廷、智利
2021 年 12 月 4 日	南极
2024 年 4 月 8 日	美国、墨西哥

造就了日全食的是一个愉快的巧合。地月距离是日地距离的 1/400，而月球直径恰好也是太阳直径的 1/400，因此日月在地球的天空中具有相等的视直径。当月球恰巧位于地球和太阳之间时，月球会在几分钟内遮挡我们的恒星表面，其间我们只能看到太阳的大气层。由于月球轨道与地球绕日轨道平面有一个夹角，每年平均只有一到两次，月球恰好位于太阳和地球之间。希腊学者伊巴谷（公元前 190－公元前 120）是最早预测日食的天文学家之一：日食的发生以每 18 年零 10 天的周期严格地重复，这个周期被称为"沙罗周期"。月球的本影锥只能覆盖地球表面半径几十公里的范围，因此每次日食发生时，地球上只在很窄的一片区域，即全食带内才能看到日全食。有时月球距地球太远，不足以遮挡整个太阳，就形成了日环食。法国境内能看到的上一次日全食要追溯到 1999 年 8 月 11 日，而下一次要等到 2081 年 9 月 3 日了[①]。日全食是一生中值得一见的天象，就算为此漂洋过海，也很值得。

---

① 中国境内则分别是 2009 年 7 月 22 日和 2034 年 3 月 20 日。——编注

如何观察

用肉眼观察，日全食也极为壮丽。当最后一缕阳光透过月球边缘的缝隙，形成闪耀的珍珠似的光斑（贝利珠）时，日全食便开始了。全食一般持续几分钟，这时地面被阴影笼罩，气温骤降，地平线染上了奇异的色彩，恒星和行星自黑暗的天空中显现，日冕为黑太阳披上了一圈银色的光晕。利用小型望远镜，还可以观察到从月轮边缘显现的日珥，像玫瑰色的火舌。

参见：32 日面；34 日珥

大图：1998 年 2 月 26 日日全食时拍摄的日冕。只有在日全食的几分钟内，才能从地球上看到日冕。105 毫米口径望远镜，焦比 F/5.8，曝光时间 1 秒，柯达 25 型彩色胶卷。

小图：贝利珠，它仅显现于日全食开始和结束时短暂的一瞬。未装过滤器拍摄，曝光时间 1/1000 秒。

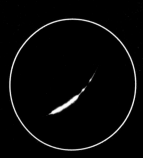

36 水星凌日
水星经过太阳面前

现象：水星出现在太阳前面
原理：太阳、水星和地球呈一条直线
持续时间：可达 5 小时
最近几次水星凌日（三个时刻分别为
初凌、凌甚和复圆）[①]：

2019 年 11 月 11 日，20 时 35 分，
23 时 20 分，次日 02 时 04 分
2032 年 11 月 13 日，14 时 41 分，
16 时 54 分，19 时 07 分
2039 年 11 月 7 日，15 时 17 分，
16 时 46 分，18 时 15 分

水星和金星频繁地穿过地球和太阳之间，但由于它们的轨道面与地球的轨道面有一定的倾角，从地球上看，这两颗行星时常从日面稍上方或稍下方经过。然而，当太阳、水星或金星、地球恰好处在一条直线上时，便可以看到这两颗行星的小圆面从更大的太阳圆面上经过，这就是凌日现象。金星凌日十分罕见，成对发生，每对之间相隔百余年，上两次金星凌日发生在 2004 年和 2012 年，下一次就要等到 2117 年了。水星凌日则更频繁些，每个世纪都会发生十几次。不过，金星凌日用肉眼通过滤镜就能看到，而水星的视直径只有金星的 1/6，需要借助望远镜才能看到其凌日景象。法国人皮埃尔·伽桑狄于 1631 年首次观测到水星凌日，英国人杰雷米·霍洛克斯于 1681 年首次观测到金星凌日。通过凌日现象，可以准确测定水星、金星和地球到太阳的距离。

要观察水星凌日，需要一台口径 60 毫米以上的望远镜，通常还应当使用滤镜。在 50 倍放大率下，可以观察到小圆点状的水星剪影从巨大的日面前面缓缓移过。这种天象震撼人心，从中不仅仅能看到行星的运动，还能感受到我们和行星之间遥远的距离。如果水星恰好从太阳赤道经过，凌日便可持续 5 小时以上；从两极附近经过时，时间就短得多。

参见：19 暮光中的水星

上图：2003 年 5 月 7 日拍摄的水星凌日照片。水星从日面的最下端经过。105 毫米口径望远镜，焦比 F/24，曝光时间 1/1000 秒，ISO 100。
下图：2006 年 11 月 8 日，日本"日出号"卫星的太阳望远镜拍摄的水星凌日。

---

① 原文的时刻为世界时，此处调整为北京时间。——编注

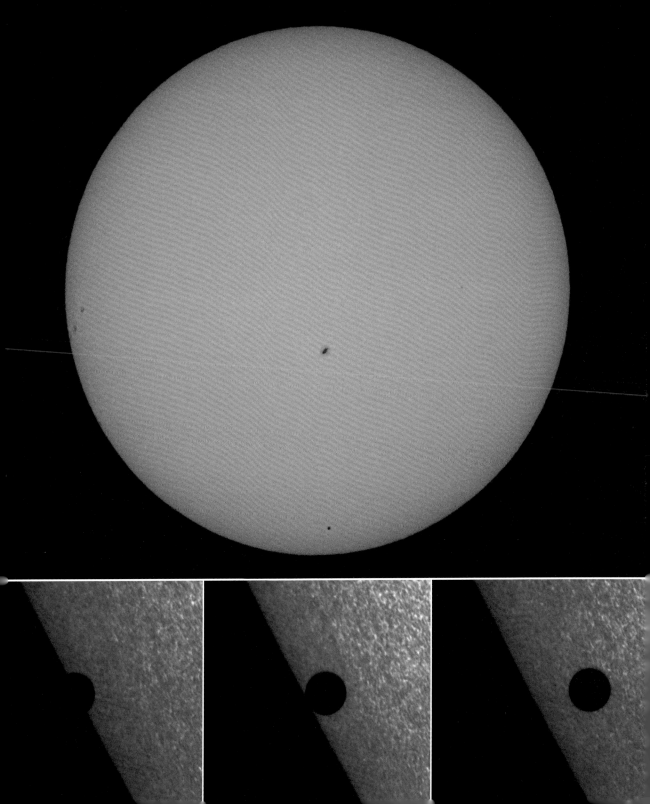

星座和恒星

37 猎户座
色彩迥异的参宿四和参宿七

性质：星座
可见地域：南北半球均可
北半球中纬度地区可见时间：
8月至次年3月
显著标志：三星（猎户的腰带）

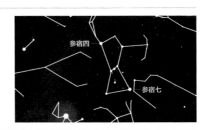

在人类依想象划分的88个星座中，猎户座是最美丽的星座之一。它的两颗最明亮的成员，参宿四和参宿七，呈现出一个罕见的特点：用肉眼就可以分辨出二者的颜色差异。20世纪初，丹麦物理学家艾依纳尔·赫茨普龙认识到，恒星的颜色取决于其表面温度：最炽热的、表面温度可达1万摄氏度以上的恒星是蓝色的，而且通常很年轻；表面温度不超过3000摄氏度的低温恒星则呈红色，而且通常较为年长。在这两极之间，是各种白色、黄色和橙色的恒星。尽管恒星五彩斑斓，但一眼望去，夜空中似乎尽是白色的星星。造成这种现象的原因有二。一方面，我们在夜间难以准确地辨识颜色；另一方面，想要辨别颜色，目标若是一个亮点，则远比一片圆面要难。只有少数恒星的色彩浓烈到足以用肉眼辨别，参宿四和参宿七就是极好的范例。参宿四是一颗红超巨星，它已经接近生命的终点，冷却了下来，膨胀到太阳的1200倍；参宿七则相反，是一颗年轻而炽热的恒星。

如何观察

猎户座很容易辨认：排成一行的3颗恒星组成猎户的腰带，位于4颗亮星组成的大四边形中央。参宿四是四边形左上角的恒星，肉眼看呈橙色；参宿七正对着参宿四，位于四边形的右下角，它是一个三星系统，主星参宿七A是一颗蓝超巨星，大小当然远不及参宿四，"只有"太阳的80倍，质量是太阳的3倍。这颗恒星发出绚丽的蓝白色光辉。参宿四和参宿七相距不远，如果交替观察这两颗恒星，很容易看出它们的颜色差异。

参见：40 冬季六边形；66 猎户座大星云

大图：猎户座的恒星色彩斑斓，很容易识别。佳能1100D单反相机，镜头焦距35毫米，光圈f/2.8，13次曝光，每次曝光时间25秒，ISO 1600。
小图：参宿四附近天区放大图（左）；被参宿七照亮的女巫星云（右）。

38 大熊座
永不落下的北斗

性质：星座

可见地域：北半球

北半球中纬度地区可见时间：全年

显著特征：北斗七星

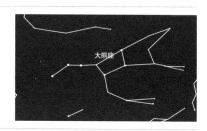

如何观察

大熊座总是位于北方天空。七颗最主要的亮星——北斗七星，在城市里也可以看见。北斗的斗柄对应大熊的尾巴。大熊座占据了一大片天区，但其中大多数恒星都比较暗弱。春天，在郊外的暗夜，可以在北斗南侧看到大熊的腿部：恒星组成两个三角形，前后相依。

参见：42 星座的运动；44 北极星

　　大熊座是北天最著名的星座。它的面积仅次于长蛇座和室女座，在整个天空排名第三。在北半球的中高纬度地区，大熊座还是拱极星座——它靠近北天极，也就是我们通常用北极星标示的位置，因此无论季节、无论时间，它始终不会落到地平线以下。大熊座是许多神话传说的源泉。在希腊神话中，它是宙斯爱上的精灵卡利斯忒，被宙斯的妻子赫拉变成了一头熊。宙斯将卡利斯忒提升到天界，并将她放到他们所生的儿子，化为小熊星座的阿卡斯旁边。大熊座有七颗异常醒目的亮星，在不同地方的人们眼中，组成斗形或车形。斯堪的纳维亚神话中，北斗是雷神托尔的战车，由三匹马牵引着。北斗七星大多位于100光年之内，曾经属于同一个疏散星团，但如今，这个星团已经分散开来，称为大熊座移动星群。和宇宙的时间相比，北斗七星只是昙花一现。几十万年以后，它的形状便会随着恒星的移动而消失。到那时，和北斗相关的神话还会存在吗？

图：北天明亮的象征——北斗七星。此时，它的斗口向右。佳能350D单反相机，镜头焦距24毫米，光圈 f/2.8，10 次曝光，每次曝光时间20秒，ISO 800。

39 夏季大三角
北天最醒目的标志

性质：星群
可见地域：北半球
北半球中纬度地区可见时间：3 月
至 12 月
显著特征：3 颗亮星组成三角形

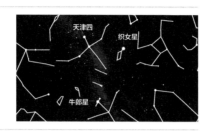

夏季大三角是夏夜星空最醒目的标志。天琴座的织女星（织女一）、天鹰座的牛郎星（河鼓二）、天鹅座的天津四，组成一个耀眼的三角形。像这样的几颗星称为星群：它们在天空中形成某种明显的形状，但不一定位于同一星座内。天空中还有其他一些著名的星群，例如北斗七星和南十字。夏季大三角的 3 颗恒星中，牛郎星距离我们最近，仅有 17 光年；接下来是织女星，距我们 25 光年。尽管织女星距离更远，但它的光度是牛郎星的 6 倍，因此看上去更加明亮。但无论牛郎还是织女，和天津四相比，都仿佛近在眼前——天津四位于大约 2000 光年之外。尽管如此，这颗恒星用肉眼看依然十分明亮，因此它的光度必然极强。根据天文学家的估算，天津四发出数万甚至数十万倍于太阳强度的光芒。

如何观察

织女星是夜空中第五亮的恒星，在夏季的天顶灼灼闪耀。织女星位于小小的天琴座内，是它的主星。希腊神话中，天琴是俄耳甫斯的乐器，他奏出的美妙琴声甚至感动了冥王普鲁托。天琴座东边不远，是天津四——天鹅的主星。它和天鹅座的其他亮星一同组成天鹅座十字。这只优美的飞鸟在夏初向南展开双翼，到了夏末则掉头向北。夏季大三角的最后一个顶点牛郎星，在天鹰座中象征鹰眼。在古希腊－古罗马神话中，这只鹰是宙斯忠诚的宠物。

参见：38 大熊座；41 南十字座

图：夏季大三角。位于上方的是天津四，织女星和牛郎星分别位于右侧和左下方。佳能 1100D 相机，镜头焦距 35 毫米，光圈 f/2，20 次曝光，每次曝光时间 13 秒，ISO 1600，由 4 张照片拼接而成。

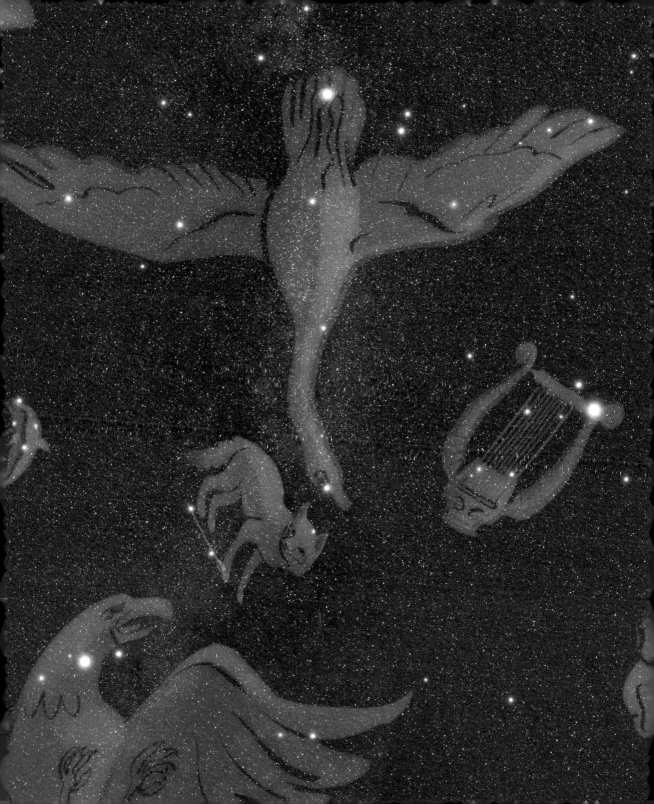

40 冬季六边形
冬夜最明亮的星群

性质：星群

可见地域：南北半球均可

北半球可见时间：9月至次年3月

显著特征：6颗恒星排列成六边形

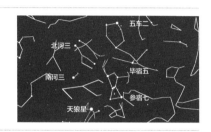

冬季星空中最亮的6颗恒星，天狼星、南河三、北河三、五车二、毕宿五和参宿七，组成了这个巨大的六边形。它们各自是大犬座、小犬座、双子座、御夫座、金牛座和猎户座最明亮的恒星。尽管它们在天穹上的亮度大体相仿，但有些恒星其实本身更加明亮，只是距离也等比例地更加遥远。例如，距离我们11光年的南河三，光度和太阳相近；参宿七的光度是太阳的12万倍，但它距离地球900光年，因此在我们看来，它的亮度和南河三相差无几。在它们之间，另外3颗恒星由近到远排列如下：北河三34光年，五车二42光年，毕宿五65光年，它们的实际光度也依次增强。夜空中最亮的恒星天狼星则稍显特别：它不仅光度相当于25个太阳，而且距我们只有8.6光年，是离我们最近的恒星之一。

如何观察

冬季六边形的中心是猎户座的参宿四，完整的六边形从天顶绵延至地平线，几乎占据了整个南方天空。利用天狼星和南河三可以找到大犬座和小犬座，在希腊神话中，这两个星座是猎户座的随身猎犬；接着是北河三和北河二，双子座中两颗相距不远的亮星；随后是御夫座的主星五车二；毕宿五是被猎户追杀的金牛之眼，用肉眼就可以看到它的橙色光芒；最后是参宿七，在猎户的脚底闪烁，连缀成完整的冬季六边形。

参见：37 猎户座；43 天狼星

图：冬季夜空中最明亮的恒星组成了壮观的冬季六边形。佳能1100D单反相机，镜头焦距14毫米，光圈 f/2.8，20 次曝光，每次曝光时间 30 秒，ISO 1600，由 2 张照片拼接而成。

41 南十字座
航海者的灯塔

性质：星座
可见地域：南半球
可见时间：12月至次年9月
显著特征：4颗恒星组成十字形

南十字座是全天最小的星座。由于靠近南天极，在北半球的中高纬度地区，全年都无法看到它。南十字座的4颗主星组成明亮的十字形，尽管极为典雅，但是在1679年法国天文学家奥古斯丁·罗耶尔提议将其提升为星座之前，人们只是把它当成半人马座的一部分。北天极始终拥有北极星，但南天极附近并没有亮星，因此找到这个位置并不容易。只有南十字的长轴延长线指向南天极，因此，数百年间，它一直为向南远航的水手们指示着方向。南十字座是南半球的象征，在巴西、澳大利亚等许多南半球国家的国旗上都有它的身影。值得一提的是，在古代，北非地区的人们曾经也可以看到南十字座，但现在已经无此眼福了。这是因为地球自身的陀螺运动会使春分点移动，这种现象称为岁差，而南十字座也因此比古代更靠南。

如何观察

在北回归线上，比如摩洛哥或阿尔及利亚的南部地区，南十字座能够完全露出地平线。但是在这样的纬度上观测仍然相当困难，因为南十字座很容易受到大气消光的影响。要想完美地领略这个小星座的绚丽，最好是到南半球去。组成南十字的4颗恒星中，最顶端的一颗呈橙色，在双筒望远镜中很容易识别；西边那颗则要比其他3颗暗弱一些。南十字座位处银河的底端，也是搜寻煤袋星云的路标。

参见：45 南门二；73 煤袋星云

图：小巧而迷人的南十字座在银河的光辉和暗星云之间闪烁。佳能350D单反相机，镜头焦距50毫米，光圈f/4，26次曝光，每次曝光时间1分钟，ISO 800。

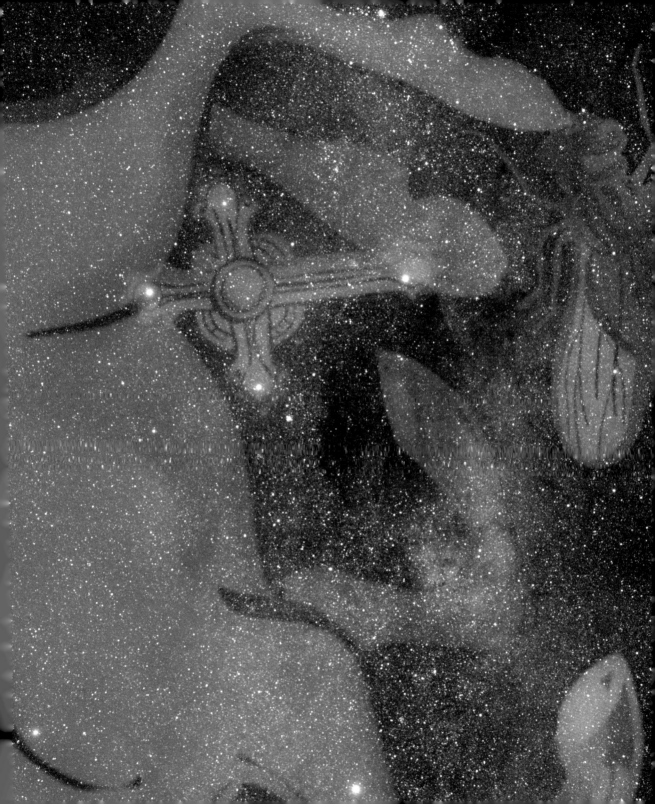

42 星座的运动
旋转的天穹

现象：星空旋转
原理：地球自转
可见时间：全年
持续时间：整夜

　　我们的地球像一列飞车，载着我们以超过 1500 公里的时速绕着自转轴旋转。但是，由于既没有参照物，又无法直接感知，人们很难意识到地球在自转，即使知道，在直觉上也难以接受。直到 19 世纪，才出现了地球自转无可辩驳的证明——傅科摆。每 24 小时，细长的钟摆会绕着固定轴旋转一周，地球的自转因此得到直观的证实。自转中的地球使得众多天体绕着天极旋转不息：太阳、月亮、星辰看似日复一日地东升西落，实际上这却是地球自转的结果。一夜之内，很容易看到恒星因地球自转而改变位置。此外，还有一种运动叠加其上：地球绕太阳的公转。这种转动需要一年才能完成一周。不是因为地球运动得太慢，而是因为它公转一周的路程长达数亿公里。所以，公转对星空的改变极其缓慢，在一夜之间是看不出来的；但随着季节变化，就能看到夜空渐渐改变了模样，春夏秋冬能看到的星座各有不同。

如何观察

　　一夜之中旋转最为明显的当属拱极星座，北半球的拱极星座以大熊座和仙后座最为典型。它们以北天极为中心，看上去像是围绕着北极星转动。观察时，最好面朝北方而立，正对北极星。先选择某一固定参照物，比如一棵树或一个烟囱，使你想要观测的星座恰好位于其正上方。记清目标星座的位置，等到一两个小时后，再来到同一地点重复观测，就会发现目标星座相对于地面参照物移动了一定距离，同时，它与北极星的距离保持不变。

参见：38 大熊座；44 北极星

　　图：用三脚架固定单反相机，连续拍摄多张照片，可以捕捉到星座的运动。接下来，利用"Startrails"这样的免费软件，可以将拍摄的照片自动叠加。镜头焦距 16 毫米，光圈 f/2.8，120 次曝光，每次曝光时间 30 秒。

43 天狼星
夜空中最亮的恒星

性质：双星
距离：8.6 光年
星座：大犬座
赤经：06 时 45 分 50 秒
赤纬：-16 度 44 分[①]

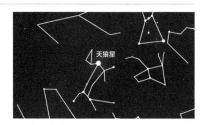

视星等达到 -1.5 的天狼星，不仅是大犬座的主星，也是整个夜空中最亮的恒星。但这并不完全是因为它本身格外明亮。的确，天狼星的光度达到太阳的 25 倍，但还有许多光度高达太阳数千倍的恒星。实际上，离得近才是让天狼星脱颖而出的主要原因：它与地球的距离只有南门二的两倍，是离地球第五近的恒星。大犬座的这颗主星在古代具有极其特殊的意义：每年它重现在黎明的东方天空时，恰好是尼罗河即将泛滥的时节，这对古埃及的农业至关重要。天狼星与太阳同升同落时，恰是夏季最炎热的时候，因此人们也将它与酷暑相关联，以至于法语中"canicula"（源自拉丁语"canicule"，即"狗"）这个词既可以指天狼星，也可以指三伏天。公元初年，天文学家托勒密描述天狼星是一颗红色的星星，然而它现在看起来白得耀眼！托勒密描述的红色从未被当时的其他观测者记录，至今仍然是一个谜，因为天狼星似乎不可能演化得那么快。

---

①若无特殊说明，本书列出的赤经、赤纬均为北京时间 2018 年 7 月 1 日 0 时 0 分 0 秒的数据，由虚拟天文馆（Stellarium）软件模拟得来。——编注

如何观察

在北半球中低纬度地区，冬天的夜晚，天狼星出现在南方，发出钢铁质感般绚烂的白光。由于大气扰动影响，天狼星闪烁不停，有时甚至会泛着彩虹似的光芒，这或许是托勒密神秘描述的原因。天狼星是一个双星系统，但伴星的亮度只有主星的万分之一，用望远镜也很难观察。

参见：40 冬季六边形；45 南门二

图：天狼星位于猎户座脚边略往东的地方，在图中左下方的一片薄云之间闪烁。佳能 350D 单反相机，镜头焦距 16 毫米，光圈 f/2.8，曝光时间 25 秒，ISO 800，三脚架固定拍摄。

44 北极星
永远位于北方的恒星

性质：聚星
距离：400 光年
星座：小熊座
赤经：02 时 54 分 54 秒
赤纬：+89 度 21 分

如何观察

利用大熊座，很容易找到北极星：它就在斗口外沿的两颗星（天璇和天枢）连线延长 5 倍的地方。虽然在很多人的想象中，它的亮度理应与金星相仿，但实际上，北极星并不十分明亮。透过 50 倍放大率的望远镜就能分辨出，北极星是个美丽的双星系统，淡黄色的主星旁边是一颗蓝色的小星，两颗星的光度相差 600 倍。

参见：38 大熊座；42 星座的运动

　　地球的自转轴无限延长，在天球上的投影点就是北天极和南天极。这是旋转的天空中仅有的两处静止点。幸运的是，有一颗恒星几乎完全准确地指明了其中之一的位置，这就是勾陈一，我们称其为北极星。这颗恒星并不是特别明亮，按亮度在全天只排到第 48 位，却是夜空中最重要的标志物之一：它安居在空中几乎从不移动，为我们指示着北天极的所在。在没有罗盘和 GPS 的情况下，人们凭借北极星，也能在夜间辨明方向。只有在北半球才能看到北极星，越接近赤道，北极星就越接近地平线。勾陈一从前并不是北极星，以后也不会永远都是北极星。地球的自转轴随时间流逝而缓慢地摆动，星空也随之偏移，我们将这称为岁差。8000 年后，天津四将成为新的北极星；1.2 万年后，指明北方的将是织女星。然而，这些更明亮的恒星与北天极的距离都没有如今的勾陈一这样近。

图：北极星是中间右侧最明亮的那颗星。利用位于图中左下方的大熊座，可以找到北极星。佳能 1100D 单反相机，镜头焦距 14 毫米，光圈 f/2.8，12 次曝光，每次曝光时间 15 秒，ISO 1600。

45 南门二
距离太阳系最近的恒星

性质：聚星
距离：4.37 光年
赤经：14 时 40 分 56 秒
赤纬：-60 度 54 分

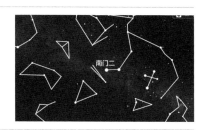

在银河系的 2000 亿颗恒星中，只有那些距离太阳系很近的，才能用肉眼看到。南北半天加在一起，这样的恒星只有 6000 颗。其中最近的是南门二，它实际上是个三星系统。较大的两颗恒星大小和颜色都和太阳相近，组成一对美丽的双星，距离太阳系仅 4.37 光年；这对双星以外，还有一颗小小的伴星，它微小而暗弱，属于天文学家所说的红矮星，大小只有木星的 1.5 倍。目前，它比南门二的主星距离我们要近一些，准确地说，它距离我们 4.22 光年，因此成为距离太阳最近的恒星，获得了"比邻星"的称号。南门二和马腹一在天空中是一对美丽的亮星，但两者紧密相依只是视觉上的表象：实际上，后者比前者遥远 100 倍。

如何观察

南门二位于南天，靠近南十字座。它的视亮度引人瞩目，是全天第三亮的恒星，仅次于同样位于南天的天狼星和老人星。南门二的两颗较明亮的恒星是一个非常壮观的双星系统，用 50 倍放大率的望远镜，能很容易地把它们分离开来。比邻星则是主星西南方 2 度以外的一颗不太起眼的星点，视星等在 11 左右。

参见：43 天狼星；63 银河

图：上方最亮的恒星就是南门二。照片拍摄于留尼汪岛，图中还能看到马腹一和南十字座。佳能 1100D 单反相机，镜头焦距 16 毫米，光圈 f/2.8，曝光时间 20 秒，ISO 1600，三脚架固定拍摄。

46 造父四
石榴石星

性质：超巨星
距离：6000 光年
星座：仙王座
赤经：21 时 44 分 05 秒
赤纬：+58 度 52 分

造父四呈现出极为浓郁的红色，被威廉·赫歇尔昵称为"石榴石星"。这颗超巨星无疑是银河系中最大的恒星之一：直径达到太阳的 1400 倍以上。如果将它放在太阳系中心，它的边缘将贴近土星轨道。这样一颗巨大而沉甸甸的恒星，寿命不会长久。尽管诞生只有上千万年，造父四已经濒临死亡，不久就会爆发为超新星。如今，造父四只有凭借强烈脉动才能保持自身的平衡，在此期间，它的大小和亮度剧烈变化，同时喷射出大量的气体，包括水蒸气；这些现象都已在 1990 年由红外空间天文台的观测所证实。造父四是已知光度最强的恒星之一，是太阳的 35 万倍，因此，尽管距离地球 6000 光年，我们依然可以用肉眼看到它。这颗星也是肉眼可见最远的恒星之一。

如何观察

石榴石星的视星等在 3.5—5 之间变化，因此有时更容易看到，有时则不太显眼。它的橙色用肉眼不太能识别，但在低倍率小型望远镜中就能看得比较清楚。当造父四最暗时，橙色更加突出一些。要想更清晰地领略造父四的颜色，我推荐遵循赫歇尔的建议：在观察造父四之前，先观察一阵旁边的白色恒星天钩五，以它作为参照。

参见：47 螣蛇十二；89 面纱星云

大图：位于仙王座南部的石榴石星。佳能 1100D 单反相机，镜头焦距 35 毫米，光圈 f/2，曝光 20 次，每次曝光时间 13 秒。

小图：在小型望远镜中，可以看到造父四独特的橙色。105 毫米口径望远镜，焦比 F/12，连接佳能 6D 单反相机，20 次曝光，每次曝光时间 6 秒。

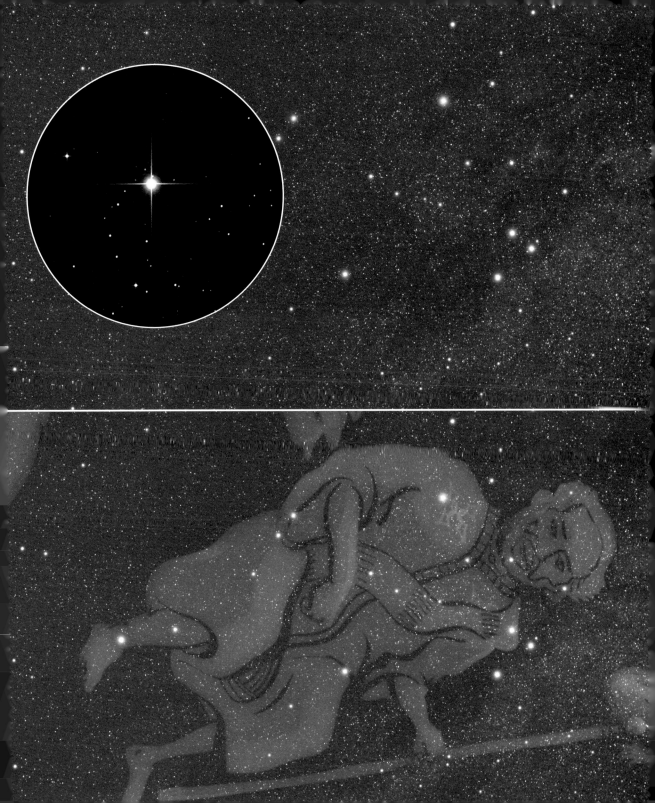

47 腾蛇十二
肉眼可见的最远恒星

性质：超巨星
距离：1.2 万光年
星座：仙后座
赤经：23 时 55 分 19 秒
赤纬：+57 度 36 分

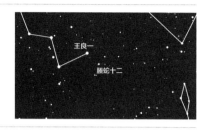

腾蛇十二是一颗 4.5 等星，在条件良好的夜间可以用肉眼看到。它距离仙后座 W 形的端点——明亮的王良一不远。秋季或冬季特别适合观察这颗肉眼可见的最远恒星。在低倍率的小型望远镜中，这座遥远的银河系灯塔发出黄色光芒，一颗更微小的蓝色伴星位于它的东南方。

参见：39 夏季大三角；89 面纱星云；90 蟹状星云

我们的银河系是一个散布着千亿颗恒星的圆盘，直径达到 10 万光年。然而，肉眼能看到的大多数恒星距离我们都只在几十光年之内，再远些的，大多也不超过几百光年。不借助望远镜就能看到的更遥远的恒星屈指可数，其中包括夏季大三角的成员——2000 光年外的天津四。这个距离的确惊人，却绝非最高纪录。摘得肉眼可见最远恒星桂冠的是腾蛇十二，距离达 1.2 万光年。如果一颗恒星如此遥远，却仍然不必用望远镜就能看到，那么只有一种解释：它本身的发光强度高得惊人。腾蛇十二的光度达到太阳的 100 万倍以上，频繁喷射的射流又使其增强。这颗恒星的直径是太阳的 450 倍，属于一种极罕见的类型：黄特超巨星。这一类恒星，在整个银河里都屈指可数。它是银河系下一颗超新星的重要候选者。不过，它的光需要 1.2 万年才能抵达地球，所以或许现在它已经爆发，而我们还毫不知情。

大图：肉眼可见的最远恒星在著名的仙后座 W 形不远处。佳能 1100D 单反相机，镜头焦距 35 毫米，光圈 f/2，20 次曝光，每次曝光时间 13 秒。

小图：腾蛇十二及其附近的蓝色伴星 V373 的放大图。105 毫米口径望远镜，焦比 F/12，连接佳能 6D 单反相机，15 次曝光，每次曝光时间 4 秒。

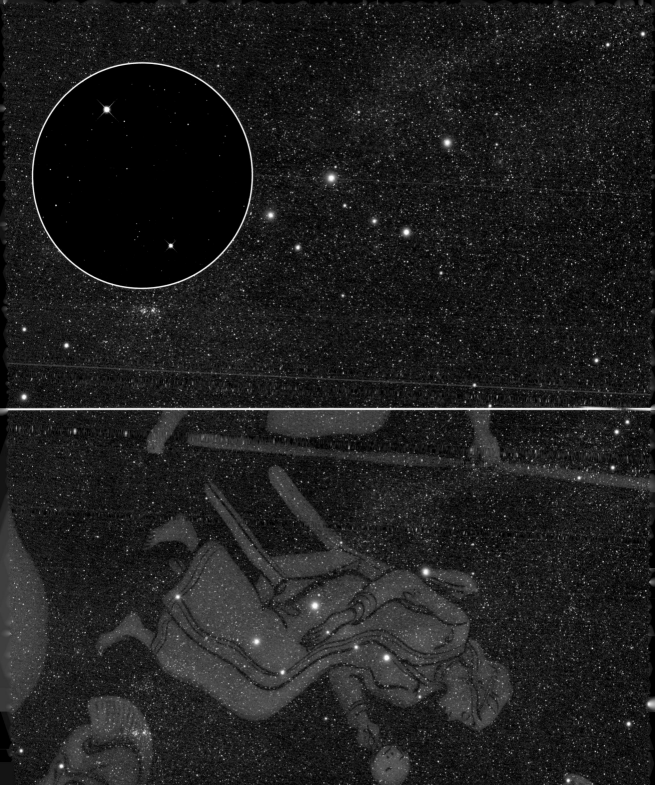

48 室宿增一
太阳系外第一颗被证实拥有行星的恒星

性质：太阳型恒星

距离：51 光年

星座：飞马座

赤经：22 时 58 分 23 秒

赤纬：+20 度 52 分

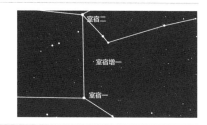

飞马座四边形是秋季天空中的主要星群。室宿增一位于飞马座四边形西侧，在室宿一向室宿二连线的 1/3 处。室宿增一的视星等只有 5.5，因此，这颗最先被发现拥有系外行星的恒星用肉眼很难辨别。但它周边没有视亮度相当的恒星，因此在双筒望远镜的视场中很容易发现。拥有摄谱仪的天文爱好者，可以尝试探测行星室宿增一 b 导致的扰动。

参见：27 木星和大红斑；32 日面

大图：室宿增一位于飞马座四边形西侧的两颗亮星之间。佳能 1100D 单反相机，镜头焦距 35 毫米，光圈 f/2，20 次曝光，每次曝光时间 13 秒，ISO 1600。

小图：室宿增一（最亮的那颗星）附近天区放大图。

　　室宿增一像是太阳的孪生兄弟。尽管比起 46 亿岁的太阳，这颗诞生于 75 亿年前的恒星年龄更老些，但其大小和质量几乎和太阳一模一样。1995 年秋天，米歇尔·麦耶和迪迪埃·奎洛兹公布了一项影响深远的发现：利用上普罗旺斯天文台的 1.93 米口径望远镜，他们在室宿增一的光谱中观察到完美的周期性谱线偏移，这些偏移只可能源自一颗环绕它运行的行星！这颗行星被命名为室宿增一 b，它十分特别：这是一颗像木星一样的气态巨行星，但公转周期只有 4 天，意味着它距离恒星极近，只有日地距离的 1/20。人们把这类行星称作"热木星"。从那以后，天文学家开始大力搜寻那些环绕其他恒星运行的行星，也就是通常所称的"系外行星"。至今，人们已经发现了 2000 多颗这样的行星，并且正在重点搜寻那些和地球类似的"宜居行星"。开普勒卫星以及即将升空的凌星系外行星巡天探测器（TESS），皆以这项工作为使命。或许有一天，我们终将发现人类在宇宙中并不孤独。

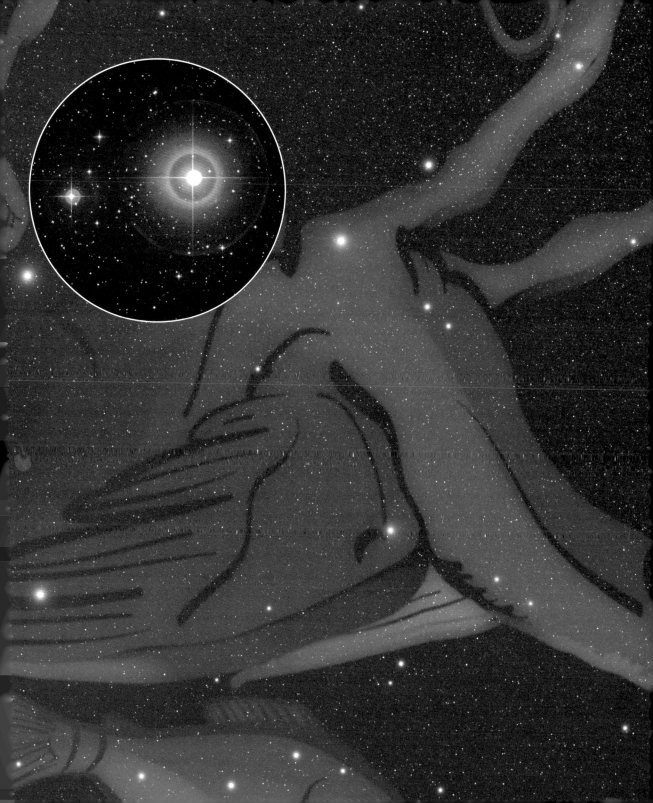

49 巴纳德星
天空中移动最快的恒星

性质：红矮星
距离：6 光年
星座：蛇夫座
赤经：17 时 58 分 42 秒
赤纬：+04 度 45 分

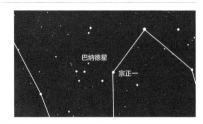

　　我们能看到的所有恒星，包括太阳，都在环绕银河系的中心缓慢运行。尽管环绕一周需要几亿年的时间，这种运动还是会缓慢地改变天空中的星象。从地球上看，距离更近的恒星，移动得也更快些。移动速度最高纪录保持者，是蛇夫座一颗不起眼的微小恒星——巴纳德星。巴纳德星每年在天空中移动 10.3 角秒，每 200 年就能移动相当于一轮满月的视直径的距离。换句话说，如果所有恒星都移动得像巴纳德星那样迅速，2000 年前古希腊－古罗马时代的星座到今日就会面目全非。巴纳德星距离地球仅 6 光年，是距我们第四近的恒星，位居南门二三合星系统的 3 颗恒星之后。它是一颗红矮星，只比木星略大。1916 年，美国天文学家爱德华·爱默生·巴纳德（1857—1923）发现了它在天穹上非比寻常的运动，这颗星也因此得名。

如何观察

巴纳德星距地球很近，却十分暗弱，视星等仅略小于 10。透过 60 毫米口径望远镜能够看到它，但依然不够清晰。在 100 毫米口径的望远镜中，巴纳德星就比较醒目了，它呈现出明显的红棕色，很容易识别。想探察到这颗天空中最快恒星的移动，需以一年为间隔，精确观测两次。

参见：45 南门二；63 银河

大图：在巨大的蛇夫座中，巴纳德星慢慢向北移动。佳能 6D 单反相机，镜头焦距 35 毫米，光圈 f/2，13 次曝光，每次曝光时间 5 秒。
小图：利用小型望远镜间隔一年拍摄的两幅照片，显示出巴纳德星的运动。

50 天鹅座 X-1
最早发现的黑洞

性质：黑洞
距离：8200 光年
星座：天鹅座
赤经：19 时 59 分 03 秒
赤纬：+35 度 15 分

辇道增五

天鹅座 X-1

天鹅座 X-1 发现于 1965 年，是一个非同寻常的天体。在光学望远镜中，它只是一颗不起眼的恒星，视星等在 9 左右；但假如我们的眼睛能看到 X 射线，天鹅座 X-1 将是天空中最明亮的天体。天文学家发现，天鹅座 X-1 发出的可见光和 X 射线出自两个不同的天体，更准确地说，是这两个天体互相绕转，组成了天鹅座 X-1 双星系统。1971 年，根据首颗 X 射线天文卫星"自由号"的观测数据，天文学家汤姆·博尔顿得知了这对不同寻常的恒星伴侣间上演的惊人剧情。其中光学望远镜可观测的那个天体是一颗年轻而灿烂的蓝超巨星，而那颗看不见的天体是一个十倍于太阳质量的黑洞。黑洞以 5.6 个地球日的周期环绕它的伴星运动，吞噬着伴星的大气。落向黑洞的物质被加热到数百万摄氏度，发出强烈的 X 射线，在天空中无可匹敌。天鹅座 X-1 距离地球 8000 多光年，是发现最早的黑洞。

透过一台 60 毫米口径的小型望远镜，即可看到天鹅座 X-1 的光芒，位于明亮的天津九东侧半度（即一轮满月的视直径）。定位到这个暗弱天体并不容易，但其微蓝色的光芒有助于识别。它貌似安详、温和无害，而望远镜另一头的我们却很难不去想象，黑洞此刻正大快朵颐，在 X 射线波段闪闪发光。

参见：61 渐台二；64 银心

大图：天鹅座 X-1——距离地球最近的黑洞，接近照片中央，栖息在天鹅的颈部。佳能 1100D 单反相机，镜头焦距 35 毫米，光圈 f/2，12 次曝光，每次曝光时间 13 秒，ISO 1600。
小图：透过钱德拉 X 射线天文台，天鹅座 X-1 在 X 射线波段熠熠发光。

51 天琴座 T
最鲜艳的恒星

性质：碳星

距离：2000 光年

星座：天琴座

赤经：18 时 32 分 59 秒

赤纬：+37 度 01 分

　　衡量恒星颜色的标准称为"色指数"，B-V 色指数是常用的一种。一颗恒星的 B-V 色指数值，是它在蓝光波段和黄绿光波段的星等之差。规律很简单：颜色越红，B-V 色指数越高。像天狼星那样的白色恒星，B-V 色指数接近 0；太阳是 0.65；参宿四，肉眼可见最红的恒星之一，B-V 色指数达到 1.5。但这个数值还远远不及天琴座 T 保持的纪录，后者的 B-V 色指数高达 5.5。天琴座 T 属碳星，也只有这一类恒星能具有如此高的 B-V 色指数。它是一颗年老的恒星，表面温度只有 2000－3000 摄氏度，但低温还不足以解释这类恒星鲜明的色彩。碳星的独特之处在于，它们一生之中合成的碳元素要远多于氧元素，而碳元素能够阻挡从黄光到蓝光波段的主要可见光辐射逃离恒星。于是，恒星的大气充当了一枚强有力的红色滤镜，只有红光和红外线能穿过这道藩篱，这才是碳星色指数极高的关键所在。这类恒星极其罕见，当中要数天琴座 T 色彩最为浓郁。

如何观察

天琴座 T 位于天琴座 4 颗恒星组成的平行四边形西侧。要想看清这颗小小的天空宝石的颜色，需使用 100 毫米以上口径的望远镜。观测者会遇到一个不寻常的问题：与视亮度相近的其他恒星相比，这颗红色的碳星似乎更隐蔽些。这是由于"浦肯野效应"：人眼在夜间不易感知到红光。因此尽管天琴座 T 视星等在 8－9.5 之间，并不算暗弱，但观测者如果不知道它的准确位置，依然很容易将它错过。

参见：32 日面；37 猎户座；43 天狼星；46 造父四

大图：天琴座 T 位于明亮的织女星旁。佳能 1100D 单反相机，镜头焦距 50 毫米，光圈 f/4，17 次曝光，每次曝光时间 30 秒，ISO 1600。

小图：望远镜中的这颗恒星宛如红宝石。200 毫米口径望远镜，焦比 F/8，连接佳能 350D 单反相机，20 次曝光，每次曝光时间 15 秒，ISO 200。

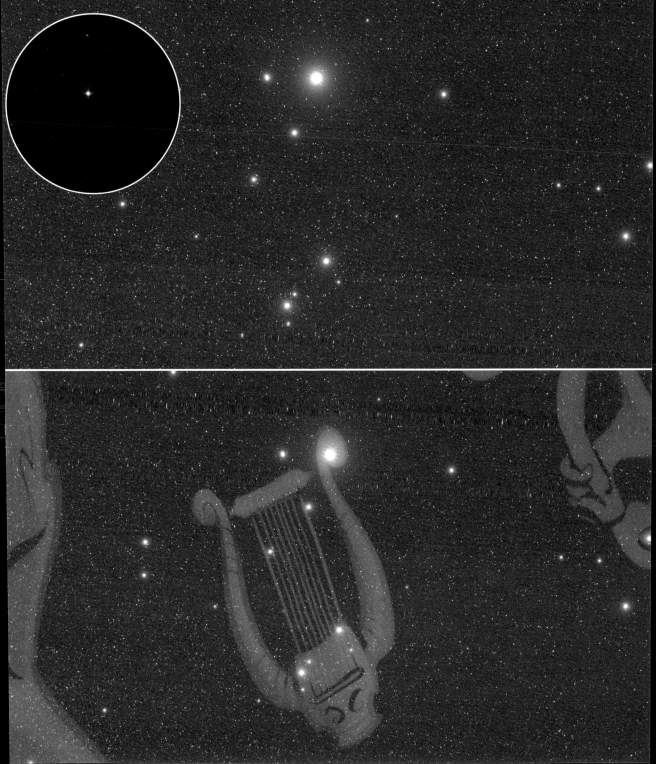

52 HD 140283
最年长的恒星

性质：单星
距离：190 光年
星座：天秤座
赤经：15 时 44 分 03 秒
赤纬：-10 度 59 分

如何观察

HD 140283 的视星等为 7.2，虽然肉眼无法看到，但用双筒望远镜或小型望远镜便很容易观察。它和天秤座的氐宿三和氐宿四一起组成一个直角三角形，位于氐宿三向氐宿四连线左侧的直角顶点上。这颗孤星看似平淡无奇，但注视着它，想到它正是亲历了宇宙创始的极少数天体之一，它的魅力足以让人心潮澎湃。

参见：83 半人马座 ω 星团

HD 140283 的年龄无疑创下了纪录：145 亿年！有人因此以圣经中最长寿的人为其命名，称它"玛土撒拉星"。在球状星团中发现的那些最古老的恒星，年龄通常也很少超过 134 亿年；而哈勃空间望远镜最近的观测，使我们能够推算出这颗 190 光年外的恒星的惊人年龄。可是，宇宙的年龄不是才 138 亿年吗？可以确定的是，不会有比宇宙还要古老的恒星了。但是在宇宙学中，测量极遥远的天体时，结果总是具有很大的不确定性，而这颗恒星的年龄误差大约在 8 亿年。无论如何，有一点确定无疑：HD 140283 就诞生在大爆炸之后不久，是迄今发现的最古老的恒星。只有很小的恒星才能活得这么久，即便是相对较小、已经存在了 46 亿年的太阳，也不可能拥有如此漫长的生命。HD 140283 长寿的秘诀在于它的核燃料消耗极低。玛土撒拉星的年龄可以支持一种猜想：我们的银河系产生于宇宙诞生之初，早在宇宙只有一两亿岁时便已形成。

大图：已知的最古老恒星位于天秤座，在这张照片的中心位置。佳能 6D 单反相机，镜头焦距 35 毫米，光圈 f/2，13 次曝光，每次曝光时间 5 秒，ISO 4000。
小图：数台专业望远镜拍摄的 HD 140283 附近天区的放大图。

53 辇道增七
夜空中最美的双星[①]

性质：聚星
距离：400 光年
星座：天鹅座
赤经：19 时 31 分 28 秒
赤纬：+28 度 00 分

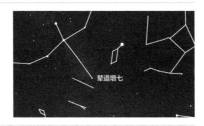

辇道增七

肉眼很容易观察到辇道增七，它位于著名的天鹅座十字最长边的顶点。只需一台最小口径的望远镜，辇道增七就会从一颗朴素无华的恒星，一跃成为"夜空中最美恒星"桂冠的有力竞逐者。20 倍的放大率便可将散发美丽光芒的两颗恒星清晰地分离开来。较亮的那颗发出明亮的橙黄色光芒，稍暗的那颗则呈现美丽的蓝色光辉。

参见：37 猎户座；57 宗人四

我们的太阳已被确定是一颗单星，但银河系中大半恒星都是成双成对，组成双星或聚星系统。为维持平衡，双星环绕共同的质心运行，就像双人滑运动员手拉手面对面旋转。引力正如运动员的双臂，把两颗恒星连在一起。尽管双星总是同时诞生，但由于初始质量不同，衰老的步伐也有先后。较大的恒星衰老得更快，比其伴星更偏红色。由一颗黄色主星和一颗蓝色伴星组成的双星辇道增七，是这种演化节奏不同的双星系统中对比最鲜明、最美丽的一对。辇道增七距地球 400 光年，由两颗相距很远的恒星组成，两星之间遥远到可以放下 130 多个太阳系。较为明亮的辇道增七 A 是一颗黄色恒星，光度是太阳的上千倍；它的伴星辇道增七 B，由于更加年轻炽热而呈现蓝色，光度为主星的 1/5。现已发现辇道增七 A 还有一颗与辇道增七 B 类似的小伴星，只是距离更近，只有辇道增七 B 的 1/100。

---

①"双星"包含光学双星和物理双星，前者是彼此并无关联，只是在地球上看恰好位置相近的两颗恒星；后者是真正彼此绕转的系统。辇道增七 A、B 为物理双星，目前仍未最终确定，本节的叙述暂以此为前提。本书中若无特殊情况，"双星"均专指物理双星。——编注

大图：肉眼即可看见辇道增七，它位于夏季大三角的中心，是天鹅的眼睛。
小图：小型望远镜中色彩鲜明的双星。

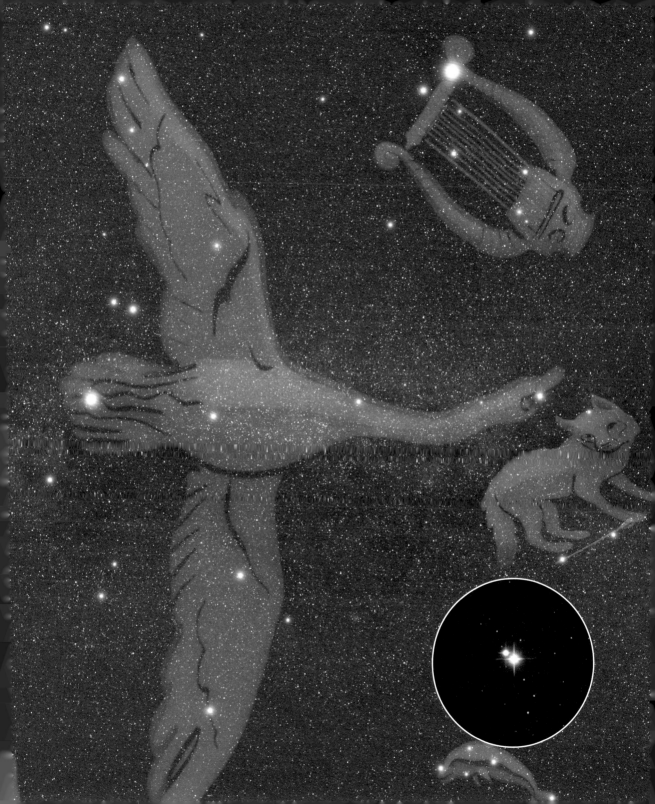

54 开阳
最早发现的双星

性质：聚星
距离：80 光年
星座：大熊座
赤经：13 时 24 分 40 秒
赤纬：+54 度 50 分

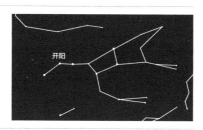

如何观察

开阳是北斗斗柄三星正中间的那一颗。辅的视亮度是开阳的 1/4，两者的间距略大于满月视直径的 1/3。要想用肉眼看到辅，你得有一副好眼力。不过，用上双筒望远镜的话，观测辅就毫无难度了。在 60 毫米口径、75 倍放大率的望远镜中，开阳摇身一变，成为一对美丽的、紧紧相依的白色亮星，然而，这两颗星的实际间距是日地距离的 200 倍。

开阳是首颗透过望远镜观测到的双星：1650 年，意大利天文学家里乔利宣告，开阳实际上由两颗距离很近的恒星组成。100 多年后，威廉·赫歇尔又发现了数百颗双星，更重要的是，他理解了双星的本质。赫歇尔注意到一些双星在缓慢地彼此绕转，于是提出，这些双星是由引力联结在一起的。开阳还保持着另一项纪录：1889 年，开阳 A 成为第一颗用光谱学方法发现的密近双星，发现者是美国著名天文学家皮克林。开阳 A 的两颗子星距离极近，使用任何光学方法都无法分辨，泄露天机的只有双星光谱线的周期性变化。这类双星称为分光双星。开阳还有一颗肉眼隐约可见的遥远伴星——辅。这两颗距离地球 80 光年的恒星，彼此相距远达半光年。尽管有天堑之隔，但近年来已经确认，开阳和辅是一对真正的物理双星。

参见：38 大熊座；58 大陵五

大图：肉眼就能分辨出北斗斗柄中间那颗是双星。
小图：双筒望远镜能很容易地将开阳和辅分开。

55 织女二
"双双星"

性质：聚星
距离：160 光年
星座：天琴座
赤经：18 时 44 分 57 秒
赤纬：+39 度 41 分

织女二的构成十分奇妙。它本身是一个双星系统，系统内的两颗星，织女二 1 和织女二 2，又各自是一对双星，天文爱好者昵称它"双双星"。开普勒定律表明，双星彼此越接近，绕共同质心运转的速度就越快。织女二 1 和 2 之间的距离遥远，约是日地距离的 1 万倍，因此互相绕转的速度很慢，至今仍未测出准确的周期，但必定长达数十万年。两对双星各自的子星要紧密得多，它们的运动很容易观察。织女二 1 双星系统的绕转周期为 600 年；织女二 2 双星的周期在 1200 年左右。如果有一艘太空船从这两对双星之间穿过，飞船上的观测者将看到不可思议的科幻场景：从左右两侧的舷窗望去，都能看到两颗几乎一模一样的恒星，亮度达到满月的 1/4，彼此紧密相依。如果把手臂向正前方伸直，小拇指刚好可以填满两星的间隙。

织女二时常成为天文爱好者测验视力的标准。视力极好的人，确实可能用肉眼就分辨出织女二的两颗子星。用双筒望远镜，即可观察到织女二 1 和 2 组成了一对美丽的双星；如果想分辨出它们各自的子星，则需要使用 80 毫米口径、100 倍放大率的望远镜。有趣的是，这两组双星外观极为相似，只是方向恰好垂直。"双双星"的 4 颗子星都是年轻的恒星，在望远镜中呈现耀眼的白色。

参见：53 辇道增七

图：天琴座明亮的织女星东侧，便是织女二。用肉眼分辨出它的两颗子星需要极好的视力。
下图：双筒望远镜能清晰地分离开这对双星（中）；透过 100 毫米口径望远镜可以发现，每颗子星各自也是一对双星（左、右）。

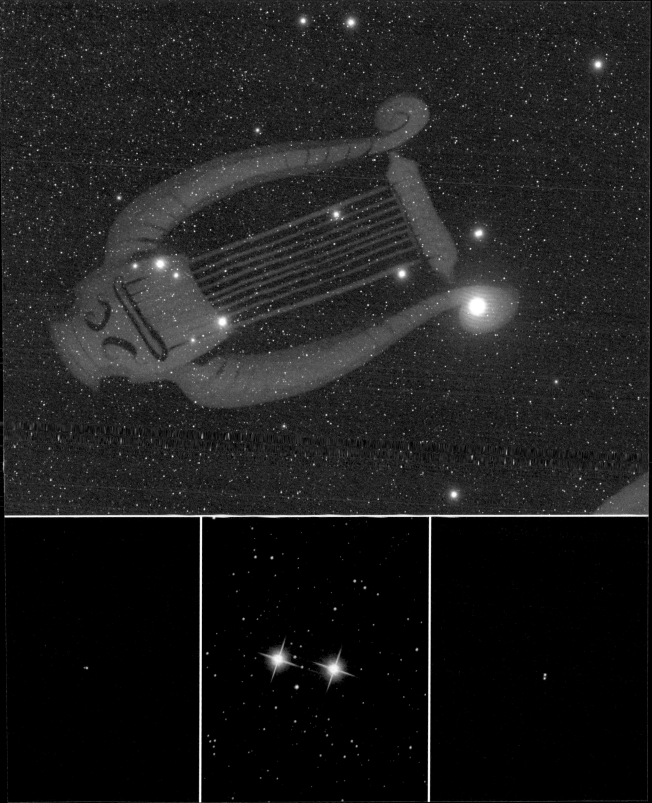

56 天津增廿九
贝塞尔之星

性质：双星
距离：11.4 光年
星座：天鹅座
赤经：21 时 07 分 41 秒
赤纬：+38 度 50 分

如何观察

除了特殊的历史意义之外，天津增廿九还是一个壮丽的双星系统。使用 30 倍放大率的小型望远镜，便可以毫不费力地观测到它的两颗子星。它们都呈现出美丽的橙红色，并且拥有几乎相同的光谱型。然而，由于视星等不同，两者的颜色看起来稍有差异，较暗的那颗更偏红些。

参见：49 巴纳德星；53 辇道增七

除了是一对美丽的双星之外，天津增廿九在天文学史上也有开天辟地的意义：它是首颗被人类测定距离的恒星。1804 年，天文学家朱塞佩·皮亚齐（他因发现第一颗小行星而闻名）注意到，这颗恒星在天空中有极快的相对位移，这意味着它与后来发现的巴纳德星一样，应当距离我们不远。在那以后，天文学家们尝试观测这颗恒星是否会做微弱的往复运动。由于地球绕太阳公转，随着地球在轨道上运行，较近的恒星应当以一年为周期，相对遥远的恒星改变位置。这种现象称作周年视差。1838 年，普鲁士天文学家弗里德里克·贝塞尔精确地测量出天津增廿九的周年视差，人类第一次测定了恒星的距离。贝塞尔得出的数值是 10.3 光年，与今天的测定值（11.4 光年）很接近。11 光年相当于 100 万亿公里，这个结果颠覆了那个时代人们的认知：宇宙的尺度极大地延伸了。2013 年，盖亚卫星发射升空。它将接替此前工作的伊巴谷卫星，用这种周年视差法测定约 10 亿个天体的距离。

大图：天鹅座内、天津四的东侧，是人类测定距离的首颗恒星。佳能 1100D 单反相机，镜头焦距 35 毫米，光圈 f/2。
小图：在望远镜中分离开来的天津增廿九的两颗橙色子星。105 毫米口径望远镜，焦比 F/12，连接佳能 6D 单反相机。

57 宗人四
双星狂舞

性质：双星
距离：16 光年
星座：蛇夫座
赤经：18 时 06 分 23 秒
赤纬：+02 度 30 分

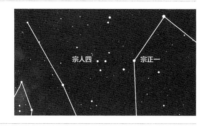

宗人四是一对美丽的双星，容易分辨，且色彩斑斓。在60 毫米口径望远镜中，就可以看出较明亮的那颗呈黄色，另一颗则发出略偏紫的橙色光芒。由于绕转轨道的偏心率很大，两颗星的角距离在 1.5 角秒（80 毫米口径望远镜的分辨率）到 6.8 角秒之间浮动。下一次角距离极大将发生于 2024 年。数年间持续、有规律地观测，是有可能发现子星位置变化的。最好使用附有十字线的目镜，或者，在更理想的情况下，添加一副测微计。

双星宗人四有着已知最短的绕转周期：88 年。绕转如此之快，意味着它们相当接近。这一周期与天王星的公转周期相差无几，由此可以推算，宗人四双星间的距离约等于天王星的轨道半径：只有 30 亿公里。尽管它们如此贴近，但宗人四本身距太阳系只有 17 光年，因此我们仍然能轻易地分辨这两颗子星。1779 年，威廉·赫歇尔观测发现这两颗恒星彼此绕转。这是第一对被确认彼此影响的双星。赫歇尔的发现证明，恒星也会受到引力作用，牛顿发现的万有引力定律在太阳系之外依然适用。从那时到今日，宗人四的伴星已环绕主星运行了几个周期，宗人四的周围又发现了至少 8 颗其他恒星，但它们暗弱而疏远，与主星之间并无引力上的联系。宗人四的色彩使人联想起天津增廿九，但后者的绕转要缓慢很多，周期长达 653 年。

参见：30 天王星；56 天津增廿九

大图：宗人四位于庞大的蛇夫座东侧边缘。佳能 6D 单反相机，镜头焦距 35 毫米，光圈 f/2。
小图：透过望远镜可以分辨出两颗橙色的子星，并持续数年跟踪其运动。105 毫米口径望远镜，焦比 F/26，连接 Toucam Pro2 摄像头。

58 大陵五
恶魔之星

性质：食双星
距离：93 光年
星座：英仙座
赤经：03 时 09 分 23 秒
赤纬：+41 度 01 分

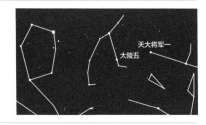

恒星闪烁，有时不仅是因为地球大气的扰动。天空中有数千颗恒星会缓慢地改变亮度，这就是所谓的变星。在上古时期，埃及人就注意到大陵五每隔几晚就会微微变暗。恒星竟然也非永恒不变，不禁让人悚然，希腊人认为它是美杜莎的眼睛，敢于盯着它看的人都会变成石头；阿拉伯语则称它为"恶魔的头颅"。尽管如此，大陵五其实温和无害。它是一类变星，即"食变星"的代表。1782 年，英国天文学家约翰·古德里克（1764－1786）首先给出了大陵五光变现象的正确解释：大陵五是一对双星，当暗弱的伴星从主星前经过，遮掩了主星的光辉时，大陵五的视亮度就会减弱。因此，大陵五实际上是一对彼此相距极近的分光双星，其绕转的轨道平面恰好与我们的视线平行。

如何观察

大陵五用肉眼就很容易观察。伴星经过主星期间，在起初的 5 小时，大陵五会逐渐变暗；到达最暗时，又在随后的 5 小时内逐渐恢复原有亮度。观察大陵五的亮度变化时，可以利用天大将军一作为参照。通常情况下，大陵五与天大将军一的视亮度相同，但大陵五在双星交食时，明显要暗很多。

参见：54 开阳；61 渐台二

大图：通过这两张英仙座的照片，可以对比出图片右侧的大陵五最亮（上图）和最暗（下图）时的亮度差异。

小图：在望远镜中，大陵五闪耀着完美无瑕的白色光芒。

59 蒭藁增二
奇迹之星

性质：长周期变星
距离：300 光年
星座：鲸鱼座
赤经：02 时 20 分 17 秒
赤纬：-02 度 54 分

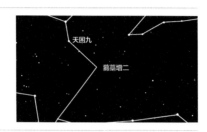

蒭藁增二是继大陵五之后，人类数千年来发现的第二颗变星。1596 年，师从于著名的第谷·布拉赫的德国天文学家大卫·法布里奇乌斯（1564–1617）发现了它的光变现象，并将它命名为 Mira，意为"奇迹"。蒭藁增二是一大类变星的代表。它和现已发现的超过 6000 颗蒭藁变星一样，都是年迈而低温的红巨星。当缺乏氢燃料时，它们会依靠不断膨胀收缩来继续发光发热。这个周期通常长达数百天，因此这类恒星被称为长周期变星。一颗蒭藁变星在膨胀时变冷、变暗，收缩时则相反。如今已经知道，我们的太阳步入老年时也会成为一颗这样的变星。在蒭藁增二 332 天的光变周期里，最亮和最暗时的亮度差距可达千倍。星系演化探测器（GALEX）还在紫外波段拍摄到，蒭藁增二有一条长达 13 光年的物质尾流：蒭藁增二的大气层在逐渐流失，随着围绕银河中心运行，它的大气留下了一条长长的尾迹。

一生中，应当欣赏一次蒭藁增二达到极亮。这是少有的用肉眼就能轻易观测的变星，最明亮时视星等接近 3.5，有时甚至可以达到 2。每年都有几周的观测窗口，但在北半球，最好是在秋季观测，因为那时鲸鱼座的地平高度最高。下一次观测时机将在 2020 年。蒭藁增二没有达到极亮时，在望远镜中色彩更加绚丽，但搜寻起来也更困难些。

参见：32 日面；46 造父四；
60 造父一

上图：当蒭藁增二在秋季达到极亮时，用肉眼也能看到这颗闪烁着橙红色光芒的奇异恒星。
下图：蒭藁增二极暗时，仅仅是隐匿在巨大的鲸鱼座中的一颗暗弱恒星。

60 造父一
著名变星

性质：短周期变星
距离：860 光年
星座：仙王座
赤经：22 时 29 分 52 秒
赤纬：+58 度 31 分

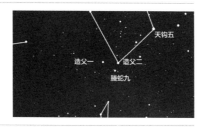

造父一代表着一个著名的变星家族：造父变星。1784 年，英国天文学家约翰·古德里克发现了造父一的光变现象。它的光度是太阳的 2000 倍，但在造父变星家族中，仍有比它亮至少千倍的恒星，使我们在极其遥远的距离之外也能看到它们的光芒。造父变星通常比太阳大数十倍，以几天为周期非常规律地改变亮度和颜色。更妙的是，这些恒星光度越高，光变周期就越长。因此，通过对比由光变周期推算的光度和从地球观察的视星等，天文学家能够很容易地计算出它们的距离：造父变星是一把真正的量天尺！20 世纪初期，美国天文学家哈尔罗·沙普利通过观测银晕中球状星团里的造父变星，计算出了地球到银心的距离；美国天文学家埃德温·哈勃（1889—1953）正是通过对造父变星的研究，认识到"仙女座大星云"（即 M31 星系）位于银河系之外。今天，哈勃空间望远镜能够观测到 8000 万光年外星系中的造父变星。

如何观察

造父一的光变周期略长于 5 天。通过数日的规律观测，肉眼即可辨认出造父一的亮度变化。它与附近的两颗恒星，造父二（3.4 等）及腾蛇九（4.2 等），组成一个等腰三角形，利用这两颗星，可以很容易地判断造父一的视亮度。即便是放大率最低的小型望远镜，也能分辨出造父一是一对美丽的双星，由一颗金色主星和一颗蓝色伴星组成。

参见：59 蒭藁增二；92 仙女座大星系

大图：造父一位于图片上方小等腰三角形的顶点。

小图：望远镜中，两颗子星的颜色对比鲜明。105 毫米口径望远镜，焦比 F/12，连接佳能 6D 单反相机，15 次曝光，每次曝光时间 6 秒，ISO 4000。

61
渐台二
地狱双星

性质：食双星
距离：960 光年
星座：天琴座
赤经：18 时 50 分 46 秒
赤纬：+33 度 23 分

渐台二位于天琴座，它在西方的传统星名"Sheliak"在阿拉伯语中正是竖琴的意思。和英仙座的大陵五一样，渐台二是一对食双星，但更加令人惊异。两颗子星相距极近，近到由于引力影响而变形、彼此交换物质。较大的那颗恒星每 5 万年就损失相当于一个太阳的质量，照此下去，它很快就将走到生命的终点。如果有行星位于环绕这对双星的轨道，行星上的居民将会看到一轮较大的太阳源源不断地抛射出庞大的物质喷流，缠绕在另一轮较小的太阳上，无比壮美，亦无比骇人。从地球上看去，渐台二则显得宁静许多，只是在较小的子星从较大的那颗前面经过时，亮度略有减弱，因为较小的那颗尽管更亮，却被一圈昏暗的吸积盘环绕。渐台二的光变周期约为 13 天，1784 年由英国天文学家、热忱的变量观测者约翰·古德里克发现。

如何观察

渐台二很容易找到。它位于织女星的下方，是天琴座小四边形的西南角。肉眼就可以看到这颗星的变化：在约 13 天（准确地说，是 12.91 天）的周期内，它的视星等在 3.4–4.4 之间波动。可以将不远处始终为 3.25 等的渐台三作为参考：除了渐台二被食期间，两者的视亮度几乎相同。在 100 毫米口径望远镜中，还可以看到有 3 颗小星环绕在渐台二周围，但它们与渐台二并没有物理上的联系。

参见：58 大陵五；62 新星

大图：渐台二位于天琴座小四边形的一角，用肉眼即可清楚地看到。
小图：在望远镜中，渐台二似被几颗小星环绕。200 毫米口径望远镜，焦比 F/8，连接佳能 350D 单反相机，20 次曝光，每次曝光时间 1 秒，ISO 800。

62 新星
星空激变

现象：恒星亮度骤增
原理：恒星物质爆发
最佳观测时机：爆发后数日
持续时间：数周

　　新星是天穹上突然出现的亮星，但是须注意不要将其与超新星混淆。20世纪，天文学家终于解开了新星的谜团：新星是一对双星系统，其中之一极其贪婪，以凶猛且变幻无常的方式吞噬着伙伴的大气层。食双星渐台二的情形与此类似，不过与新星相比就是小巫见大巫了：后者完全是一场灾变。体积较小的子星是一颗非常致密的白矮星，引力惊人，它的伴星则是附近一颗体积较大的恒星，这种组合在宇宙中并不鲜见。一旦组合形成，白矮星就会吸积邻伴的很大一部分大气。被捕获的气体（主要是氢）在白矮星表面积聚，迅速引爆了核反应，产生的物质被抛向宇宙空间，释放出强光。于是，一段时间内，天空中显现出一颗新的恒星，这就是我们所称的新星爆发。新星的亮度在几日内即可达到顶峰，随后便缓慢地下降。新星可以反复爆发，比如蛇夫座RS新星在一个世纪内爆发了5次。这类新星被称为"再发新星"。

如何观察

新星的爆发虽然无法预测，但每当新星出现，我们都能利用互联网第一时间获悉。例如，在美国变星观测者协会（AAVSO）的网站上注册，就可以接收新星速报。如果某颗新星明亮到了肉眼可见的程度，那就很值得注意了。天穹上突然出现一颗额外的恒星，总是令人惊讶的。新星并不罕见，在过去的25年间，能用肉眼观察到的新星就至少有8颗，例如2013年的海豚座新星，视星等达到4.5。

参见：50 天鹅座 X-1；61 渐台二

上图：展现新星形成的艺术想象图。
下图:2013年爆发的海豚座新星，肉眼可见。

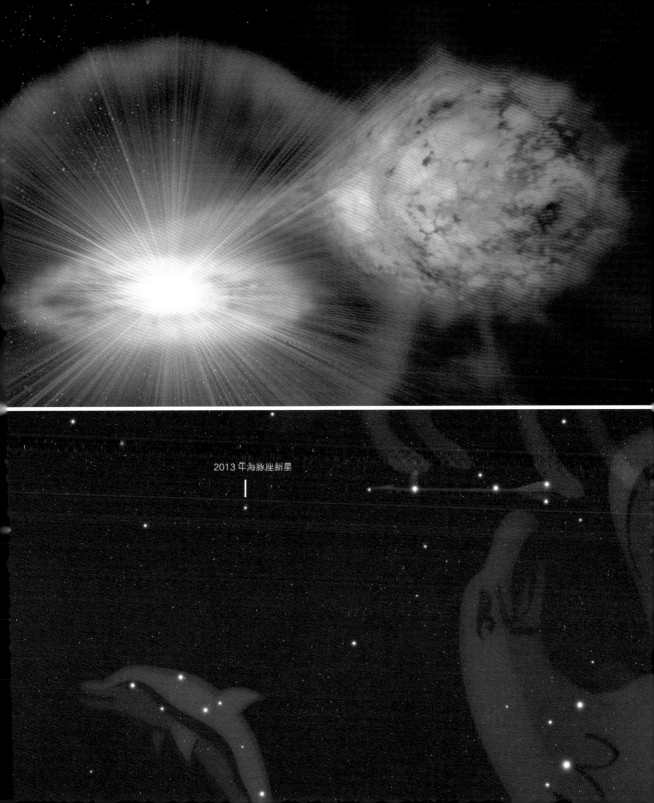

2013 年海豚座新星

银河的瑰宝

银河是焰火的世界。恒星在银河的氢元素云雾中，像烟花点燃般绽放出千百种色彩。和太阳系不同，银河仿佛静止不变。但这只是参照不同带来的错觉。对地球上的人类而言，恒星的时间好像停滞了；而对一颗恒星而言，1000万年的寿命也只如昙花一现。恒星从富含气体的绚丽星云中诞生，在庞大的星团中生长，最后以向宇宙抛射斑斓的气体物质而宣告死亡。但是，一片星云熄灭需要几百万年，星团散开的过程更是长达近 10 亿年，为了理解这些，我们要观察银河系中的瑰宝，那些处于不同生命阶段、各具特征的众多恒星。只有这样才能将它们连缀起来，解开银河系中的生死之谜。

63 银河
星之河川

性质：棒旋星系
恒星数量：2000 亿−2500 亿
直径：10 万−15 万光年
太阳环绕银心公转周期：2.3 亿年

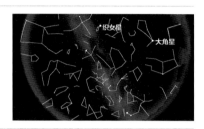

如何观察

依照古希腊−古罗马神话，银河是天后赫拉在喂养赫拉克勒斯时，从她的乳头上滴落的奶汁。晴朗的夏夜，在郊外，我们可以用肉眼追踪银河在天空中的踪迹。如果使用双筒望远镜或低倍率天文望远镜，便仿佛浸入了一团稠密的银色云雾中。冬季的银河较为晦暗，但也没有那么致密。这时，只需像1610 年的伽利略那样，用一台小型望远镜去观察银河，就足以发现它是由一些肉眼无法分辨的暗弱恒星组成的。

参见：64 银心；65 银河大裂缝；97 波江座棒旋星系

上图：在银河之外观察，我们的银河系想必与美丽的棒旋星系 M83 颇为相似。
下图：冬季（右侧）和夏季（左侧）看到的银河景致不同。夏季最亮，冬季则较为暗弱。

我们所在的星系称为银河。银河系是一个满布恒星的巨大圆盘，银心明亮而致密，向外则是密度较低的旋臂。目前估计，银盘的直径约为 10 万光年，厚度约 1 万光年。1991 年，一支天文学家团队发现银河系不是简单的旋涡状结构，而是在银心两端各延伸出一个较短的棒状结构。因此，银河被重新归类为棒旋星系。斯皮策空间望远镜最近的观测结果证实，银河有 4 条旋臂。在地球上，我们是身处银河内部来观察，因此银河呈现出特别的景象，像一条环绕天空的光带。这条弥漫的光带由超过 2000 亿颗恒星组成，它们大多极为遥远，无法用肉眼看到。在不借助任何器材的情况下，只能看到其中的极少数：大约 6000 颗。需要一台强有力的望远镜，才能将银河的云雾分解成无数颗仿佛摩肩接踵的恒星。不过这只是透视的幻象，这些恒星往往彼此相距至少数光年，1 光年相当于 10 万亿公里。

64 银心
繁星与黑洞

性质：星际云和黑洞
距离：2.6 万光年
星座：人马座
赤经：17 时 45 分 40 秒
赤纬：-29 度 00 分[①]

在人马座方向，银河的心脏，有一个质量极大、极为致密的天体，天文学家称其为"人马座 A*"。它完全隐匿在气体和尘埃的云雾之后，即便是美国航空航天局发射的能拍摄 X 射线波段最精确照片的钱德拉 X 射线天文台，都难以窥视其真容。如果没有这些尘埃，我们将看到银心像一颗恒星在夜空中闪烁，视亮度达到满月的 1/4。周围的恒星快速地环绕着它运动，由此我们可以计算出这个神秘核心的质量：大约是太阳的 400 万倍。此外，由观测与计算得知，它的直径约为 4400 万公里，大致是地球与太阳距离的 1/3。同时拥有这两种特征的天体，极有可能是一个巨大的黑洞。如今我们相信，在大多数星系的核心都有这样的宇宙巨兽。然而，在银河中心附近、聚集了数百万繁星的核球中，一部分区域摆脱了尘埃的遮蔽：那里形成了大量明亮的星云。

在黑暗的夜空中，肉眼可以看到人马座星云。这是银河中光亮最为密集的区域，西侧与银河大裂缝相邻。即使是双筒望远镜的视场也难以覆盖这一区域，但透过望远镜，能看到遥远恒星的银白色光辉时而弥漫、时而聚集，形成一幅梦幻般的明暗对比画。完全不可见的人马座 A* 就躲藏在明暗交界线的西南方不远处。

参见：63 银河；65 银河大裂缝

图：银河系的核球区域聚集着数十亿颗恒星。星际尘埃的暗色曲流穿行其中，银河大裂缝将这片区域一分为二。佳能 350D 单反相机，镜头焦距 50 毫米，光圈 f/4，13 次曝光，每次曝光时间 1 分钟，ISO 800，由 4 张照片拼接而成。

①此处采用的是历元 J2000.0，即地球时 2000 年 1 月 1 日 12:00 的数据。——编注

65 银河大裂缝
最宽广的尘埃带

性质：尘埃云
距离：4500 光年
星座：从天鹅座到半人马座

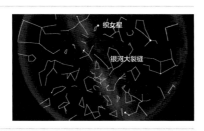

织女星

银河大裂缝

如何观察

大约 135 亿年前，银河系诞生之初，只有恒星和氢的云雾，整个银河十分通透。但从那以后，无数次恒星爆发积累的尘埃彻底改变了银河的面貌。我们是从侧面望向银河，所以宽广的尘埃云不时阻挡我们的视线。当我们望向银心时更是如此：从北天的天鹅座到南天的半人马座，一条广大的尘埃带，即"银河大裂缝"，将银河一分为二。如今，所有的旋涡星系都被这种尘埃云覆盖，但和在银河系中一样，需要从侧面观察才能很好地领略这一点。在这种视角下，将看到一条美丽的吸收带穿过星系的球状核心，草帽星系是著名的一例。

在北半球中纬度地区的天空中，只能看到银河大裂缝的一半左右，从天顶的天鹅座延伸到南方的地平线。这条巨大而曲折的黑暗之舌将银河一分为二，肉眼是唯一能将此一览无余的仪器。大裂缝实际上占据了 1/3 的银河长度，到半人马座才终止。在南北回归线之间，可以看到完整的大裂缝。

参见：63 银河；96 草帽星系

图：大裂缝穿过了 1/3 的银河，图上显示的是从盾牌座到豺狼座的部分。佳能 350D 单反相机，镜头焦距 16 毫米，光圈 f/3.5，10 次曝光，每次曝光时间 1 分钟，ISO 800，由 2 张照片拼接而成。

66 猎户座大星云
星云的色彩

性质：弥漫星云
距离：1300 光年
星座：猎户座
赤经：05 时 36 分 19 秒
赤纬：-05 度 26 分

如何观察

从双筒望远镜中看去，猎户座大星云（M42）像是猎户座佩剑中间的一小团云雾。在 60 至 80 毫米口径的低倍率望远镜中，猎户座大星云的中心便已微微泛出绿意。用口径更大的低倍率望远镜观察，碧玉般的色彩将更加浓郁。不过，尽管星云中的氢元素含量要比氧元素高很多，我们在目镜中仍看不到红色：我们的眼睛在夜间几乎辨不出红光。

弥漫星云是气体和尘埃组成的云雾，恒星从中诞生。在距离地球最近的猎户座大星云中，天文学家已经发现了许多正在形成的恒星和行星吸积盘。和其他的发射星云一样，猎户座大星云的光芒来自荧光现象：星云中的气体原子受到附近亮星的紫外辐射，受激而发光。光的颜色则与原子的种类有关。星云的主要成分——氢原子，受激发出红光，硫原子也一样；电离后的氧原子则发射出一种翠绿色光辉，人们一度认为这种奇异的色彩来自一种未知的化学元素，并将其命名为"nebulium"，即"星云元素"，直到 20 世纪 20 年代，才通过量子力学阐明了其中原理。不幸的是，我们的眼睛在夜间分辨颜色的能力很差，因此几乎所有的星云在望远镜目镜中都是一团灰白色。只有猎户座大星云的色彩如此鲜明，以至能打破这一限制，被我们直接分辨。尽管用肉眼就能看到猎户座大星云，但直到 1610 年，它才由法国天文学家法布里·德·佩雷斯克（1580 – 1637）首次记录下来。

参见：37 猎户座；70 船底座星云；74 玫瑰星团

大图：哈勃空间望远镜拍摄的猎户座大星云中心细节图。恒星正在这里诞生。
小图：长时间曝光的照片揭示出猎户座大星云的结构。105 毫米口径望远镜，焦比 F/4.5，连接佳能 350D 单反相机，4 次曝光，每次曝光时间 5 分钟，ISO 800。

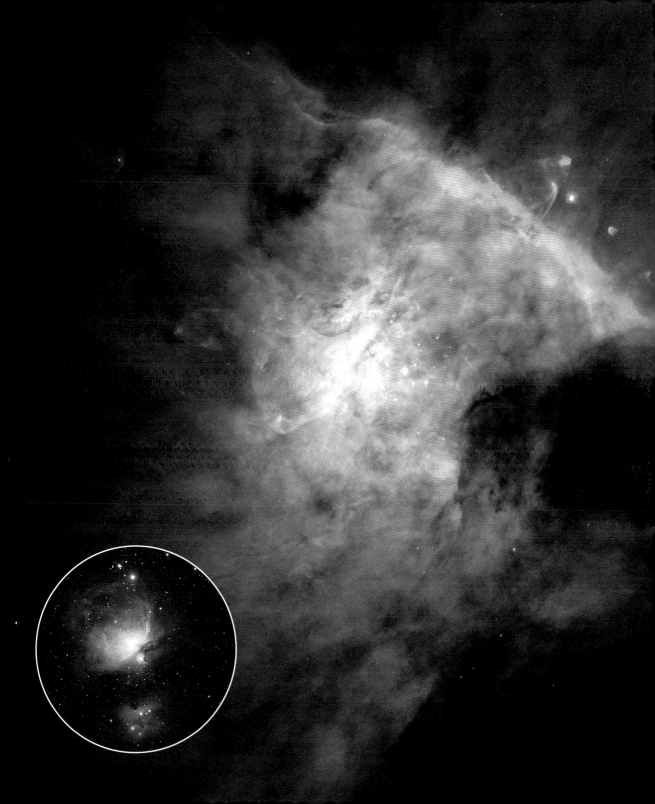

67

礁湖星云和三叶星云
宇宙尘埃精雕细琢的作品

性质：弥漫星云
距离：5200 光年[①]
星座：人马座
赤经：18 时 04 分 56 秒
赤纬：-24 度 23 分（礁湖星云）

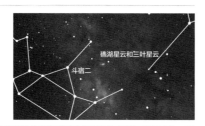

礁湖星云和三叶星云

斗宿二

如何观察

在黑暗的夜空中，用肉眼就可以看到礁湖星云，像是人马座的银河边缘中一个模糊的圆点。在双筒望远镜中，可以识别出它的椭圆外形，有时还可以看到其中的暗缝。它和位置稍北的三叶星云成双成对，看上去像两颗笼着弥漫轻纱的恒星。在 100 毫米口径望远镜中，可以很容易地看到礁湖星云的暗缝，将星云分隔成大小不等的两块。三叶星云的规模和视亮度都比它的邻居小很多。只有透过一台至少 200 毫米口径的望远镜，才能看出三叶草的形状。

参见：66 猎户座大星云；69 北美洲星云

不透光的尘埃云和气体一起雕琢着弥漫星云的外形，有时会形成让我们人类感到十分熟悉的图案：礁湖星云（M8）被前方的一道尘埃云切开，形成礁湖状；三叶星云（M20）则被暗云绘成一颗三叶草。天空中还有其他各种别致的形状，例如猎户座著名的马头星云。但马头星云透过望远镜目镜无法清晰地看到，礁湖星云和三叶星云却堪称美景。两片星云内部都生机勃勃。礁湖星云中刚刚诞生了一个年轻的星团，从中还可以观测到许多博克球状体，这些球状体是一团团黑暗的区域，其中气体坍缩形成新的恒星。三叶星云也并不宁静，2005 年，斯皮策空间望远镜发现，它正孕育着 100 多颗处于"胚胎阶段"的恒星。礁湖星云与三叶星云距离相近，或许都是同一个庞大的尘埃气体星云的片段。

图：礁湖星云（下）精细的结构和三叶星云（上）的浓郁色彩激起了很多人的兴趣。105 毫米口径望远镜，焦比 F/4.5，连接佳能 350D 单反相机，6 次曝光，每次曝光时间 3 分钟，ISO 800。

①礁湖星云的距离一说在 4100 光年左右。——编注

68 奥米加星云
栖在水上的天鹅

性质：弥漫星云
距离：5500 光年
所在星座：人马座
赤经：18 时 21 分 52 秒
赤纬：-16 度 10 分

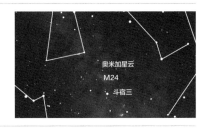

奥米加星云
M24

斗宿三

奥米加星云（M17）那些明亮的涡纹，看起来似乎蕴含极大量的气体，事实却远非如此。从奥米加星云中盛一小管气体，其中只有不到 1000 个原子；相同体积的空气却包含 1 万亿亿个原子！因此，尽管奥米加星云绵延近 50 光年，它的质量却不到太阳的 1000 倍。奥米加星云是银河系中已知最壮观的星云之一。天文学家认为它与猎户座大星云类似，只是我们面对它的角度不同，看到的是它的侧面而非正面。奥米加星云中有已知最年轻的星团，诞生至今还不足 100 万年。这个星团隐匿在尘埃云的深处，直到 2003 年才由智利的甚大望远镜在红外波段观测到。这个小小的星团中只有不到 35 颗恒星，然而整个奥米加星云中包含近 1000 颗恒星，是银河系中最丰饶的恒星摇篮之一。

奥米加星云位于人马座，在球状星团 M24 的上方，是天空中最鲜明的弥漫星云之一，肉眼清晰可见。透过双筒望远镜，可以看到它纺锤形的中心区域，恰在一颗美丽的橙色恒星旁边；用 100 毫米以上口径的望远镜，还可以看到这个闪耀的纺锤上包裹着点点光斑。星云西侧边缘有一块逗号状的弥漫云，宛如栖在水上的天鹅；东侧弥漫纠缠的云雾则酷似大写的希腊字母 Ω，1833 年，约翰·赫歇尔正是因此而给它取了"奥米加星云"这个昵称。

参见：66 猎户座大星云；74 玫瑰星团

大图：欧洲南方天文台 3.5 米口径新技术望远镜拍摄的照片。纤细的丝状气体结构覆盖在奥米加星云的表面。

小图：业余望远镜中的景象。200 毫米口径望远镜，焦比 F/8，连接 SBIG ST-8300M 型 CCD 相机，11 次曝光，每次曝光时间 5 分钟。

69 北美洲星云
朦胧的大陆

性质：弥漫星云
距离：2000 光年
所在星座：天鹅座
赤经：20 时 59 分 28 秒
赤纬：+44 度 24 分

北美洲星云（NGC 7000）的外形有点像是一座冰山。它和旁边的鹈鹕星云是同一片庞大的氢云中肉眼可见的部分。目前估算，这两个星云的气体总含量相当于 5000 个太阳的质量之和。与不足 1000 太阳质量的奥米加星云相比，这个数字可谓惊人，然而整片氢云的质量或许还要高出 10 倍。一些天文学家认为，是不远处的超巨星天津四为这两片星云提供了足以发光的能量。氢云中的大多数物质并没有受到激发，仍然是黑暗不可见的，明暗交错中，我们这些地球上的观测者仿佛能辨出北美大陆的轮廓。长时间曝光的照片显示，银河中还有同样广大的星云，但北美洲星云是其中唯一能用肉眼看到的。

观测条件极好时，用肉眼可以看到北美洲星云。它的视星等达到 5，但由于散布得很广，观测起来仍有难度。北美洲星云毗邻天鹅座的亮星天津四，如果视力极佳，还可以用肉眼分辨出它的轮廓。而如果是用双筒望远镜观察，就要容易一些了。观测时，需要不时地将视线稍稍从星云上移开，用余光观看，以便刺激视网膜上敏感的视锥细胞。北美洲星云的上方恰好有一块明亮的银河天区，注意不要把二者相混淆。

参见：39 夏季大三角； 67 礁湖星云和三叶星云

图：北美洲星云从银河的繁星中央显现，墨西哥湾的形状清晰可辨。上方还可以看到其他更为暗弱的星云，如鹈鹕星云。佳能 350D 单反相机，镜头焦距 200 毫米，光圈 f/2.8，60 次曝光，每次曝光时间 1 分钟，ISO 800。

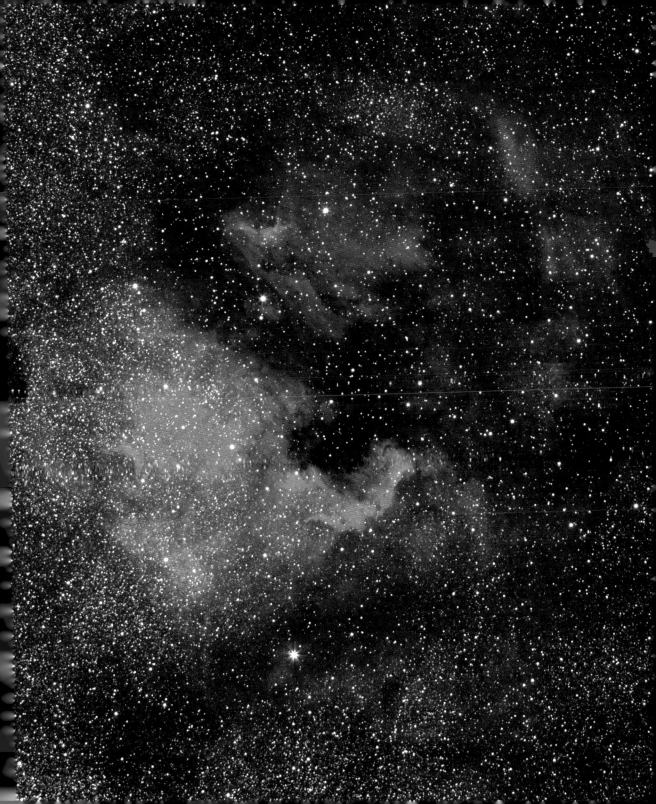

70 船底座星云
广大的星云

性质：弥漫星云
距离：7500 光年
星座：船底座
赤经：10 时 44 分 31 秒
赤纬：-59 度 57 分

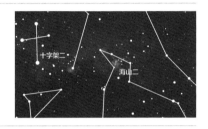

如果说船底座星云不及其姊妹猎户座大星云著名，那只是因为它太偏南方了。由于在北半球中纬度地区不可见，直到 18 世纪中期，它才由法国天文学家尼古拉·路易·德·拉卡伊（1713－1762）在好望角观测到并编入星云列表，为欧洲人所知。这个巨大的星云是全天最辉煌的星云，绵延近 300 光年，而猎户座大星云的规模只有 25 光年。船底座星云是许多超巨星的家园，包括银河系中最亮的恒星之一 WR25，以及已知质量最大的恒星海山二。这颗庞然大物的质量是太阳的 120 倍，光度达到太阳的 400 万倍。海山二目前的视星等为 4.5，肉眼勉强可以看到；但在 1843 年，它曾有过一次剧烈的爆发，一度成为仅次于天狼星的夜空第二亮恒星。哈勃空间望远镜和智利的甚大天文望远镜等现代天文仪器的观测表明，那次爆发喷射出了巨量的物质，而较小的喷发仍在发生并将持续，直到某一天，这颗极度不稳定的恒星在璀璨的光辉中爆炸，成为一颗极超新星。

如何观察

在北回归线以南的地区，能很容易地看到船底座星云。它的视星等达到 1，肉眼看去是一团美丽的灰白云雾。在双筒望远镜中，这个巨大的弥漫星云分解为两个部分，肉眼可见、看起来只是一颗普通恒星的海山二，则披上了绚丽的橙色外衣。使用低倍率的望远镜，即可尽情观赏这片天区的壮观景象。

参见：66 猎户座大星云；89 面纱星云；90 蟹状星云

大图：哈勃空间望远镜拍摄的船底座星云核心区域的细节。

小图：业余天文望远镜视场内，壮丽的船底座星云。105 毫米口径望远镜，焦比 F/5.8，曝光时间 20 分钟，SuperG 800 胶片。

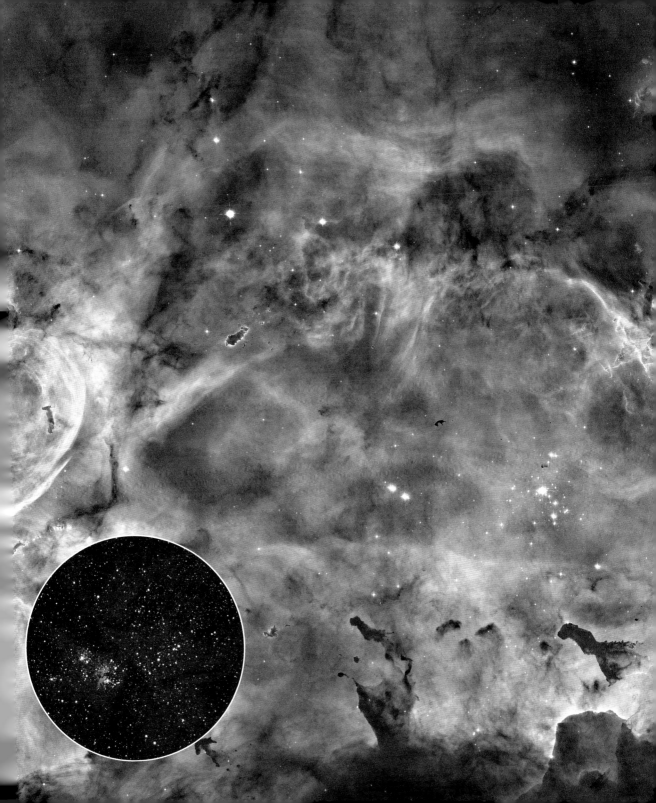

71

墨点星云
银河中的一片尘埃云

性质：暗星云
距离：5500 光年
星座：人马座
赤经：18 时 04 分 00 秒
赤纬：-27 度 52 分

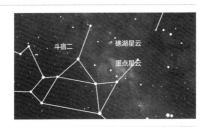

有很长一段时间，天文学家都认为像墨点星云那样的暗星云是银河中完全没有星星的区域。威廉·赫歇尔甚至认为暗星云是天空中破开的窟窿！直到 20 世纪初，美国天文学家爱德华·巴纳德终于悟出了暗星云的真相：它们是银河系中浓密的尘埃云，隔在我们和恒星之间，阻挡了星光。据说巴纳德是看到天上的小云团从银河前飘过，才恍然大悟；实际上，这个领悟多半应归功于他和同事马科斯·沃尔夫艰苦而不倦的天文摄影工作。从他们拍下的长曝光照片中可以看到，暗星云里也存在暗弱的恒星，这是此前从未有人发现的。所以，暗星云只是滤掉了背后恒星的光芒。巴纳德列出了近 350 个暗星云，墨点星云被编为巴纳德 86 号，是已知最暗的暗星云之一。距离地球 5500 光年的墨点星云，在 2 万光年外的银核繁星前投下自己的剪影。

如何观察

墨点星云位于人马座灿烂的星际云前方，在礁湖星云南侧不远。晴朗的夜晚，用双筒望远镜可以看到一个小小的黑点。在 100 至 200 毫米口径的望远镜中，墨点星云在一个疏散星团和一颗美丽的橙色亮星之间，制造出一片真正的黑域。口径超过 300 毫米的强大望远镜能够展现出它的形状：一只飞翔的蝙蝠，其中最多只能看见两三颗恒星。

参见：64 银心；67 礁湖星云和三叶星云

大图：墨点星云位于图中心左侧稍靠上的位置，用双筒望远镜便可在银河中看到它的身影。佳能 350D 单反相机，镜头焦距 200 毫米，光圈 f/3.2，10 次曝光，每次曝光时间 1 分 30 秒，ISO 800。
小图：墨点星云和它身旁的 NGC 6520 疏散星团。

72 烟斗星云
被尘埃雕琢的银河

性质：暗星云
距离：550 光年
星座：人马座和蛇夫座
赤经：17 时 30 分 00 秒
赤纬：-25 度 00 分

如何观察

在远离城市的地区，没有月亮的夜晚，肉眼就可以看到烟斗星云。想象一只烟斗，斗柄平行于地平线，斗柄东端向北升起烟圈，便能对应这片星云的形状。用双筒望远镜观察时，尽管很难把它囊括在视场内，却能看到更多细节，例如烟斗那曲折而不规则的精细轮廓。

参见：65 银河大裂缝；67 礁湖星云和三叶星云

烟斗星云是已知最大的星际尘埃云之一。在巴纳德暗星云表中，它包含了 5 个首尾相接的暗星云。这片尘埃云既辽阔又与我们邻近，它的视尺寸因此创下了纪录。烟斗星云近在 500-600 光年内，只有银河大裂缝与我们距离的 1/10。在银河内弥漫星云和星际云的光辉之中，这幽暗的一隅显得格外冷清。但它的时代只是尚未来临：正是在这样的气体和尘埃集中的区域，将会诞生未来的恒星。天文学家已经在烟斗星云中发现了许多博克球状体，这是一些致密的区域，在它们内部，暗云开始坍缩，温度渐升。每个博克球状体都孕育着一颗未来的恒星。几百万年后，这片漆黑的区域或许就会成为一片美丽的亮星云，点亮它的正是其中数百颗年轻的恒星。

图：在北半球中纬度地区，黑暗的夜晚，可以用肉眼看到庞大而幽暗的烟斗星云悬在南方低空。这幅照片拍摄于南半球的阿塔卡马沙漠，在那里，可以看到烟斗星云升至天顶。

73 煤袋星云
银河中最黑暗的区域

性质：暗星云

距离：500 光年

星座：南十字座

赤经：12 时 52 分 22 秒

赤纬：-62 度 25 分

南门二

煤袋星云

煤袋星云是一片庞大的暗星云，占据着直径相当于 30 个满月的广大天区。它位于南十字座，恰好挡在银河的明亮部分之前。1499 年，在克里斯托弗·哥伦布指挥下首次抵达美洲的 3 艘帆船之一"尼娜号"上，西班牙探险家文森特·雅内兹·平松船长首次记录下了这片大星云。人类对南天的探索要比北天晚很多。拉卡伊神父是仔细研究南天奇观的欧洲天文学家之一，他在煤袋正上方发现了最美丽的星团之一；之后不久，英国天文学家约翰·赫歇尔（1792—1871）将它命名为"宝盒星团"，以示赞美之情。宝盒星团距离地球超过 7000 光年，比 500 光年外的煤袋星云要远很多。只差一点点，这个绚丽的恒星宝盒就要被黑暗的煤袋遮住了。

如何观察

在南半球可以用肉眼看到煤袋星云，紧贴着南十字座诸星。在双筒望远镜中，煤袋星云呈现出不规则的外形。小型望远镜，即便是最低倍率的，也无法将这片漆黑似煤的星云完全纳入视场。不过，利用这样的天文仪器，可以完美地观测到宝盒星团中的绚烂群星。

参见：41 南十字座；63 银河

大图：煤袋星云显现于银河之前，刚好在美丽的南十字座旁边。佳能 350D 单反相机，镜头焦距 50 毫米，光圈 f/4，26 次曝光，每次曝光时间 1 分钟，ISO 800。

小图：望远镜中繁星点点、色彩斑斓的宝盒星团。

74 玫瑰星团
年轻恒星的摇篮

性质：弥漫星云中的疏散星团

距离：5000 光年

星座：麒麟座

赤经：06 时 31 分 17 秒

赤纬：+05 度 02 分

参宿四
玫瑰星团

只需一次极微小的引力扰动，银河中的一片气体和尘埃云就可能四处坍缩，一举形成数百个炽热的球体。如果它们的温度足够高，核心区域就会启动热核反应，开始发光。新的恒星就是这样从星云中成群地诞生，这样的恒星群称为疏散星团。年轻恒星一旦被点燃，就会激发周围的星云，使其发出强烈的紫外线，于是星云也被点亮。只是，这些恒星的辐射太强，很快就"吹"开了附近的星云，形成一片空旷的区域。玫瑰星云是这种过程的完美展现：从照片中可以看到，恒星的辐射压已经使星云明显扩大。玫瑰星团诞生至今约有500 万年，仍然十分年轻。钱德拉 X 射线天文台 2001 年探测到这一区域发出强烈的 X 射线，可以推知，这里仍有新的恒星源源不断地出现。几百万年后，这片星云物质会完全消散在宇宙中，星团则依然留在原处，或许还会更加繁密和美丽。

如何观察

在晴朗而黑暗的夜间，用肉眼即可看到玫瑰星团，像是冬季银河中的一个灰点。在双筒望远镜中，这个大星团会壮丽一些，从中能分辨出五六颗亮星。小型望远镜中的景象与此类似。如果连接相机拍照，能看到玫瑰星团周围有一圈暗弱的光晕。利用 100 毫米以上口径望远镜，并配备广角目镜和增强对比度的 OIII 滤镜，观察效果将更加理想。

参见：63 银河；66 猎户座大星云；75 M35

大图：玫瑰星团中的年轻恒星照亮同名星云。105 毫米口径望远镜，焦比 F/5.8，连接佳能 350D 单反相机，30 次曝光，每次曝光时间 5 分钟，ISO 800。

小图：玫瑰星团附近天区的广角照片，从中还可以看到其他的暗弱星云。

75 M35
引力聚合而成的星团

性质：疏散星团
距离：2800 光年
星座：双子座
赤经：06 时 10 分 02 秒
赤纬：+24 度 20 分

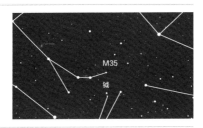

如何观察

天气条件良好时，用肉眼就能看到 M35。在双筒望远镜中，M35 是一团美丽而明亮的云雾，从中能够分辨出几颗恒星；用 60 毫米口径的小型望远镜，能够分辨出十几颗；透过 100 毫米以上口径的望远镜，这个大星团是夜空中最美丽的天体之一，从中能够分辨出亮度各异的数十颗恒星，而其暗弱的邻居 NGC 2158 只呈现出颗粒状的轮廓。

参见：74 玫瑰星团；79 英仙座双星团

疏散星团的寿命一般不超过数亿年，一亿岁的 M35 尚属年轻。M35 和旁边的小星团 NGC 2158 形成了一对双星团，但这只是视觉效果——NGC 2158 与我们的距离是 M35 的 5 倍。NGC 2158 是已知最老的疏散星团，诞生至今已有近 10 亿年。但是，既然大多数恒星都可以存在数十亿年之久，为何没有更老的疏散星团？原因在于使恒星聚合在一起的引力不足以抗拒恒星环绕银心的运动，在公转过程中，星团逐渐解体。年纪尚轻的 M35 还未迎来这一命运，而 NGC 2158 比大多数疏散星团更加致密、恒星间的引力更强，因此也更加牢固。但是，二者都注定会渐渐消散于宇宙之中。星团解体后，其中的恒星将继续存在，独自环绕银心运行。我们的太阳也曾在疏散星团中度过自己的青年时期，想来有些不可思议。如今我们已无法辨别哪些恒星是太阳的姊妹，但可以确定的是，其中的绝大多数依然健在。

图：明亮而疏散的 M35 中包含颜色各异的许多恒星，与其更小而更致密的邻居 NGC 2158（图中上方）对比鲜明。105 毫米口径望远镜，焦比 F/5.8，连接佳能 350D 单反相机，9 次曝光，每次曝光时间 3 分钟，ISO 800。

76 昂星团
天穹之钻

性质：疏散星团
距离：440 光年
星座：金牛座
赤经：03 时 46 分 54 秒
赤纬：+24 度 25 分

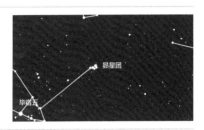

在梅西耶星云星团表中编为 M45 的昂星团，自新石器时代就已为人类熟知。当它出现在黎明的天空，意味着收获季节即将到来。尽管用肉眼只能从中看见几颗恒星，但这个疏散星团中的恒星成员有数千之众。昂星团诞生至今已有约 1 亿年，由于目前它的致密程度不高，天文学家认为，再过 2 亿–3 亿年，昂星团就将消散在银河中。昂星团距离地球 440 光年，这是在 2004 年，通过哈勃空间望远镜的观测才终于得到的精确值。和长久以来的印象不同，照片中美丽的蓝色星云状物质与昂星团并无关系：二者的移动速度揭示出，昂星团只是正在穿越这片星云而已。星云灿烂的蓝色来自散射现象，和地球上蓝色天空的成因相同。当恒星的紫外辐射量较低、不足以使气体发出红光时，就会产生这种现象。我们也会在三叶星云的北侧部分，找到这样一片蓝。

昂星团是测验视力的好标杆。普通人能很容易地辨认出 5 颗恒星。约翰·开普勒凭借敏锐的视力，看到了足足 14 颗！最适合欣赏这个庞大星团的设备是双筒望远镜。9 颗恒星——希腊神话中的"七姊妹"与她们的父母阿特拉斯和普莱奥内——宛如钻石，在星团内许多小星的衬托下，闪耀在天鹅绒般的夜空中。不过，最亮的昂宿五（希腊神话中的墨洛珀）以南，那一部分星云很难被观察到。

参见：63 银河； 67 礁湖星云和三叶星云；75 M35

图：昂星团在双筒望远镜中已经十分壮观，而在照片中，绚丽的蓝色星云弥漫在昂星团四周，散射着星团中亮星的光芒。这幅照片的累计曝光时间超过 20 小时，深入揭示了昂星团的细节。

77 野鸭星团
最密集的疏散星团

性质：疏散星团
距离：6200 光年
星座：盾牌座
赤经：18 时 52 分 06 秒
赤纬：-06 度 15 分

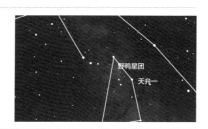

野鸭星团用肉眼勉强能够看到，在双筒望远镜中，则是盾牌座美丽的银河中一个明亮的圆点。野鸭星团相当致密，轮廓是独特的三角形，与其他疏散星团截然不同。在 60 毫米口径望远镜中，可以分辨出约 40 颗恒星，而在 100 毫米口径望远镜中，恒星的数目还可翻倍，最亮的恒星那雅致的橙色也清晰可辨。

参见：75 M35；80 M4

野鸭星团于 1681 年由德国天文学家哥特弗里德·基尔希（1639—1710）发现。近 100 年后，1764 年，法国天文学家夏尔·梅西耶（1730—1817）将其加入到自己的《星云星团表》，编为 M11。野鸭星团包含近 3000 颗恒星，是已知最丰饶的疏散星团，恒星之间的平均距离不足银河系中疏散星团平均值的 1/10。长期以来，这种特殊的形态使天文学家在给它归类时犹豫不决：是将它归入特殊的疏散星团，还是归入普通的球状星团？最后，人们是依据星团中恒星的年龄作出了判断。野鸭星团中的恒星较为年轻，多在 2 亿—2.5 亿年之间，符合疏散星团的特征，而与球状星团中动辄数十亿年高龄的恒星相去甚远。野鸭星团中最亮的恒星是一颗橙黄色超巨星，这类恒星也是这个星团的主要成员。在望远镜中，星团中的恒星似排成 V 形，因此，1835 年观测到它的天文学家史密斯海军上将把它想象成一只飞翔的野鸭，从那以后，这个美丽的星团便常被称作野鸭星团。

上图：野鸭星团位于银河中的一片繁星区。105 毫米口径望远镜，焦比 F/5.8，连接佳能 350D 单反相机。

下图：在较好的业余天文望远镜中，野鸭星团比同类星团更加密集。200 毫米口径望远镜，焦比 F/8，连接佳能 350D 单反相机。

78 蜂巢星团
闪烁的恒星蜂巢

性质：疏散星团
距离：600 光年
星座：巨蟹座
赤经：08 时 41 分 10 秒
赤纬：+19 度 55 分

鬼宿四　蜂巢星团

　　600 光年外的 M44，亦称鬼星团、蜂巢星团，是距离太阳系最近的疏散星团之一，仅次于距太阳系只有 150 光年的金牛座毕星团。伊巴谷卫星的观测表明，这两个星团的年龄和运动方向相近，很可能诞生自同一片星云。毕星团由于距离过近且过于疏散，已无法看出是一个星团，而蜂巢星团在肉眼看来是一个美丽的弥漫圆点，自古以来就为人类所注意。这个在天空中相当于 9 个满月面积的巨大天体，在拉丁语中称作"Praesepe"，意为"摇篮"或"马槽"[①]；在伽利略用望远镜观察到其中的众多恒星之后，它又获得了"蜂巢"的称号。伽利略在这个星团中数出了 40 颗恒星，这个成绩已相当不错，但蜂巢星团的恒星总数实际达 1000 颗！这些恒星的平均年龄为 7 亿年，对疏散星团而言已经很高了，但与太阳的 46 亿年相比，仍然很年轻。

①指《圣经》中耶稣降生的马槽。——译注

如何观察

蜂巢星团是双筒望远镜绝佳的观测目标，多达 20 颗美丽的小星散布在视野内。巨蟹座四边形的亮星围绕着蜂巢星团，更为双筒望远镜的观测增辉。在 100 毫米口径望远镜的低倍率目镜中，可以看到亮度各异的 50 余颗恒星。最亮的一些在光谱型上分布于蓝色和淡黄色之间。

参见：79 英仙座双星团

上图：透过双筒望远镜看到的蜂巢星团接近这幅照片的效果。佳能 1100D 单反相机，镜头焦距 200 毫米，光圈 f/2.8，20 次曝光，每次曝光时间 30 秒，ISO 1600。
下图：广角望远镜中闪烁的蜂巢星团。

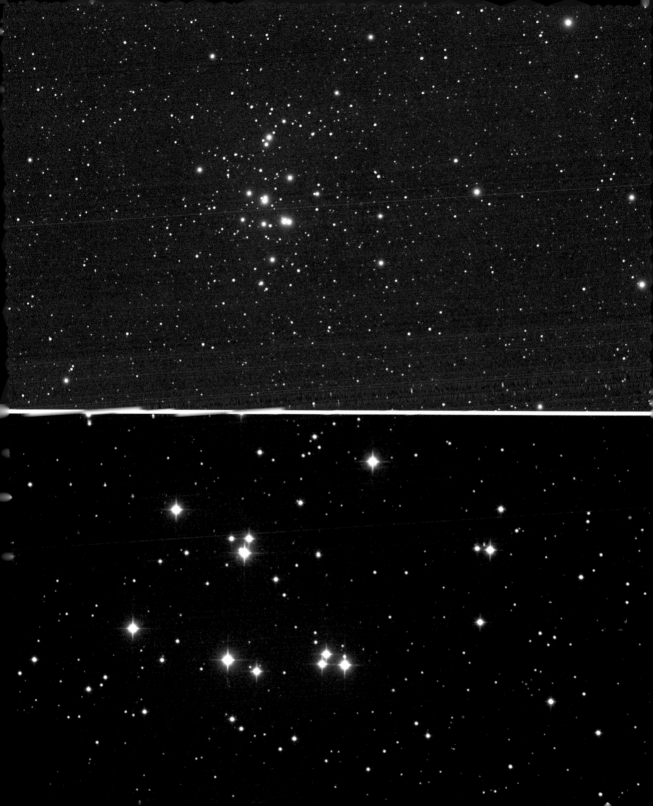

79 英仙座双星团
成双成对的星团

性质：疏散星团
距离：7000 光年
星座：英仙座
赤经：02 时 22 分 00 秒
赤纬：+57 度 15 分

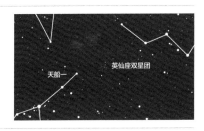

如何观察

肉眼看，英仙座双星团像是一大团凝结的水汽。在双筒望远镜中，两个星团能够明显地分开，并且都很明亮，但只能分辨出很少的恒星。然而，在小型望远镜中，英仙座双星团摇身一变，成为夜空中最美的深空天体之一。20 倍的放大率下，双星团位于同一视场内，每个星团中都能识别出 10 余颗恒星。透过 100 毫米口径望远镜，还能辨认出一些超巨星的橙色光芒。

参见：78 蜂巢星团；90 蟹状星云

　　肉眼可见的英仙座双星团自古巴比伦时期就为人类所知。希腊学者伊巴谷在公元前 130 年首次测定了这对星团，称其为"云状星"。近 2000 年后，夏尔·梅西耶却没有将这两个星团列入他为寻找彗星而编制的《星云星团表》中，或许是因为觉得它们绝对不会被误认作彗星吧。这一对靠得很近的疏散星团是银河系中独一无二的景观，每一个星团内都包含数百颗恒星。尽管诞生于同一片星云，这两个星团的年龄却并不相同。英仙座 x 诞生在先，年龄为 1200 万年；然后是英仙座 h，只有 600 万年。两个星团中都包含许多巨星，这些巨星的能量消耗很快，寿命只有数百万年，因此有一些已经进入了红巨星阶段。在年龄较长的英仙座 x 中，红巨星尤其多见。这些恒星的生命已经接近尾声，不久，超新星爆发就会在这片天区点燃真正的天空焰火。

图：英仙座双星团无疑是北天最美丽的星团之一，透过望远镜可以看到许多十分明亮的恒星。照片中，一些处于生命晚期的超巨星闪烁着美丽的橙色光芒。

80 M4
最近的球状星团

性质：球状星团

距离：7200 光年

星座：天蝎座

赤经：16 时 24 分 44 秒

赤纬：-26 度 34 分

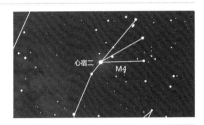

如何观察

M4 位于红巨星心宿二稍稍偏西处，在北半球的中纬度地区，不会升得太高，需要在晴朗的夜晚观测。在双筒望远镜中，M4 很容易辨认，像是一个色彩斑斓的明亮小球，和心宿二相映成趣。在100 毫米口径望远镜中，这个亮度均匀的球状星团里，已经显现出许多颗单独的恒星，这在球状星团中是极罕见的。星团之中较亮的恒星沿南北方向整齐地排列，似乎将星团分割开来。

参见：64 银心；82 M22

数十万颗恒星以数十光年为半径聚集在一起，形成的恒星集团称为球状星团。目前已知的球状星团有 150 个，散布在银河系周围巨大的银晕中。其中离我们最近的是距离地球 7200 光年的 M4，它也是最稀疏的球状星团之一——7 万颗恒星散布在一个直径 75 光年的球状空间内。和疏散星团相比，这样的密集程度难免令人惊奇，但用望远镜便可以很好地将其中的恒星区分开。更值得一提的是，M4 也是第一个被分辨出其中恒星的球状星团，完成了这项成就的是夏尔·梅西耶，尽管他当时使用的望远镜十分糟糕。在距离 M4 很近的地方，还有另一个球状星团：NGC 6144。这种接近并非出于偶然或视觉效果那样简单（尽管 NGC 6144 与地球的实际距离约是 M4 的 4 倍）：球状星团向银心方向集聚，半数的球状星团都集中在天蝎座、人马座和蛇夫座这 3 个星座之中。

大图：专业望远镜拍摄的照片能够完美地区分 M4 中心的恒星。这张照片来自哈勃空间望远镜。
小图：业余天文望远镜中看到的M4。

81

武仙座大星团
北天最美丽的星团

性质：球状星团

距离：2.5 万光年

星座：武仙座

赤经：16 时 42 分 22 秒

赤纬：+36 度 26 分

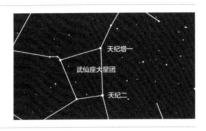

　　球状星团之繁密，宛如蚁穴。在其中心区域，恒星比银河系平均水平密集了数十倍，甚至会像碰碰车一样相互擦撞。位于 2.5 万光年外的武仙座大星团，或称 M13，是这类星团的最佳代表。美国天文学家哈尔罗·沙普利在 20 世纪 20 年代创立了球状星团的分级方法，从致密到疏松，划分为一到十二级。武仙座大星团属于第五级，已经相当致密，在直径 145 光年的球形空间内容纳了近 50 万颗恒星。在这样的球状星团内部，行星上的居民每晚都能观赏到仿若幻境的景象：繁星如瀚沙，在夜空中闪烁。此外，如果这些外星人用心倾听，还可以听到我们在 1974 年用阿雷西博射电望远镜发出的一段信息。只是光速有限，这份信息抵达它们的星球还需要 2.5 万年。

如何观察

武仙座大星团位于天纪增一向天纪二连线的 1/3 处，视亮度处于肉眼视力的极限，但用双筒望远镜观测相当轻松，即使在城市附近也可以一睹其面容——像一颗模糊的恒星，位于两颗色彩不同的 7 等星之间。它是北天最大、最密集的球状星团，在各种口径的望远镜中都无比壮美。用 100 毫米口径望远镜，可以分离出星团边缘的恒星；大气层较宁静时，使用 200 毫米口径望远镜，在星团表面的任何位置都可以分离出恒星。

参见：80 M4

大图：繁密的武仙座大星团位于两颗视亮度相同的恒星之间。200 毫米口径望远镜，焦比 F/8，连接 SBIG ST-8300M 型 CCD 相机，20 次曝光，每次曝光时间 2 分钟。

小图：哈勃空间望远镜拍摄的武仙座大星团核心区域。

82

M22
最早发现的球状星团

如何观察

性质：球状星团
距离：1 万光年
星座：人马座
赤经：18 时 37 分 32 秒
赤纬：-23 度 53 分

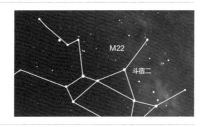

梅西耶星云星团表中编号 M22 的弥漫天体，拥有相当重大的历史意义：它是人类发现的第一个球状星团。在梅西耶发表第一版《星云星团表》（1774 年）的 100 多年前，它就由德国业余天文学家亚伯拉罕·依赫勒于 1665 年首次观测到。M22 呈现出明显的椭球形，这在球状星团中是很罕见的。它距离地球仅 1 万光年，是第二近的球状星团，仅次于天蝎座的 M4。它也是全天第三亮的球状星团，仅次于半人马座 ω 和杜鹃座 47，而后两者在北半球的中高纬度地区都无法看见。M22 还是最早被细致研究的球状星团，1930 年，美国天文学家哈尔罗·沙普利在其中统计出近 7 万颗恒星，在那个拍摄技术仍很粗浅的年代，这是一项无比惊人的成就。今天，人们已经发现 M22 中有近 10 万颗恒星。M22 也是目前已知的少数拥有行星状星云的球状星团之一。在这个巨大的恒星集团深处，还发现了两个和天鹅座 X-1 类似的小黑洞。

M22 是我们北半球中纬度地区能看到的最明亮的球状星团，它的光芒比武仙座大星团更夺目。不过，由于地平高度要低很多，它的视亮度被大气层减弱了。尽管如此，用双筒望远镜能很容易地找到它，看上去像是两颗亮星之间一个略呈椭圆形的弥漫圆点。在 60 毫米口径望远镜中，这个美丽的球状星团呈现出粗糙的颗粒状。中心区域并不是特别致密，在口径 100 至 150 毫米的望远镜中即可分离出一片繁星。

参见：50 天鹅座 X-1；80 M4；83 半人马座 ω 星团

大图：在哈勃空间望远镜拍摄的这张照片中，M22 被完全地分离成点点繁星。
小图：在业余天文望远镜中，M22 像是一群粉末般的细微小星。200 毫米口径望远镜，焦比 F/8，连接佳能 350D 单反相机，50 次曝光，每次曝光时间 1 分钟，ISO 800。

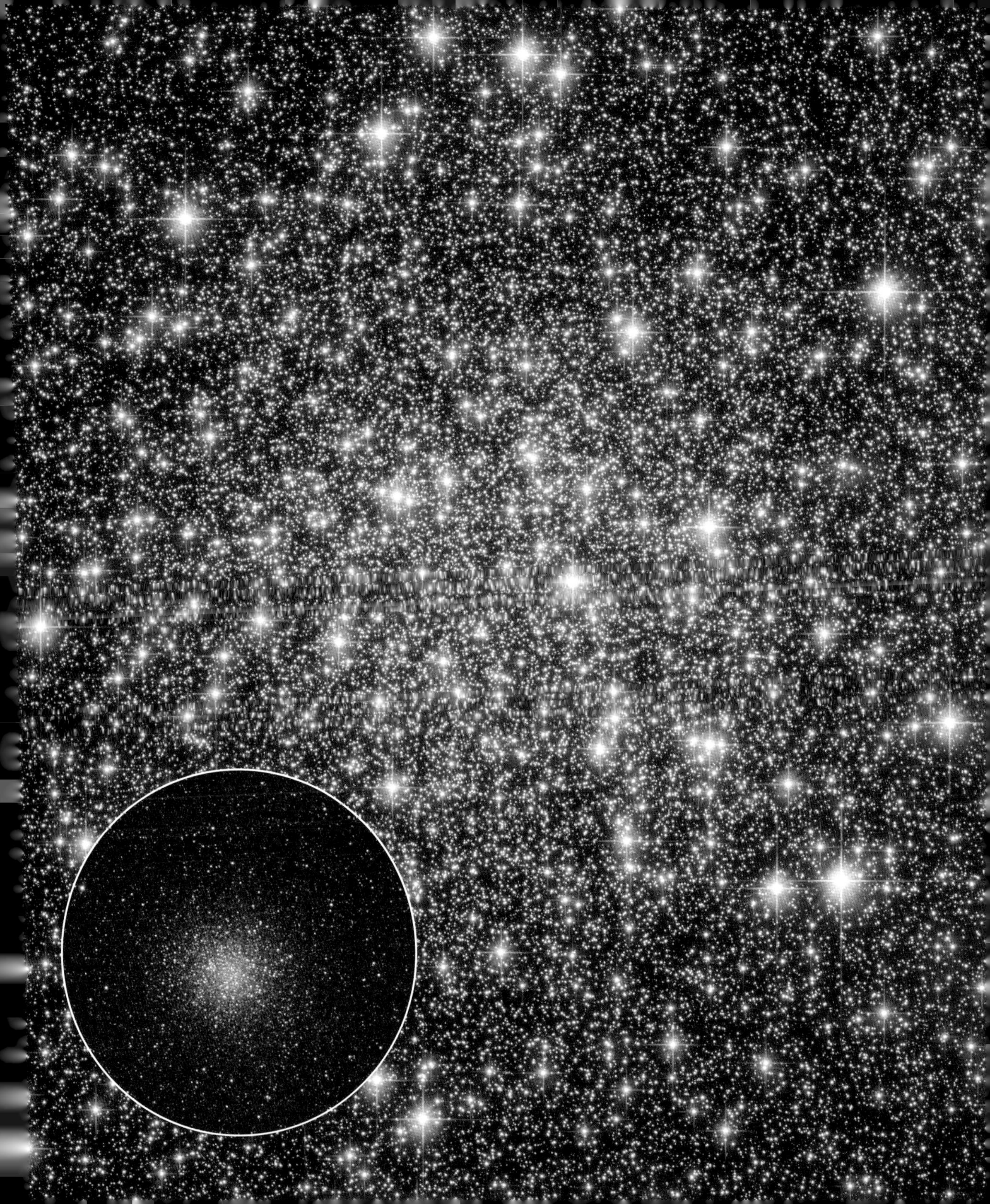

83 半人马座 ω 星团
古老星系的遗骸

性质：球状星团
距离：1.6 万光年
星座：半人马座
赤经：13 时 27 分 55 秒
赤纬：-47 度 35 分

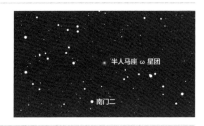

半人马座 ω 星团

• 南门二

　　球状星团是十分古老的天体，大多形成于宇宙诞生后的最初十亿年内。事实上，球状星团的成员都是寿命超过 100 亿年的黄色巨星。半人马座 ω 星团中有近 1000 万颗恒星，是银河系中最大的球状星团，也是全天最美的球状星团。这样一个巨型天体让天文学家们困惑不已，他们猜想，半人马座 ω 星团很可能实际上是一座小星系的残骸，原本的星系已经被我们巨大的银河系吞噬消化。因此，这个巨大的星团也可以归为星系，只不过是矮星系——几百万颗恒星，尚不足以和银河系中的上千亿颗恒星相提并论。用肉眼就能看到半人马座 ω 星团，因此，自古以来它便为人类熟知。公元 150 年，希腊学者托勒密（90－168）便将其列入《天文学大成》星表；1603 年，德国天文学家约翰·拜耳则像是给恒星编号一样，用希腊字母 ω 为它命名。

如何观察

3 月至 4 月，半人马座 ω 星团在南方天空运行至最高点，但只有在北纬 30 度以南才有较佳的观测条件。用肉眼看，它与恒星不太相似，而是像一个弥漫的圆点。在小型望远镜中，即可在其周围分离出许多小星；透过口径 100 至 150 毫米的望远镜，无数恒星在其中闪烁，亦真亦幻。在北半球中纬度地区，这个星团最高也只能稍稍高出地平线。在法国，一些专业人士会前往最南部地区，例如比利牛斯山脉的南山去拍摄。

参见：63 银河；81 武仙座大星团

大图：欧洲南方天文台的 2.2 米口径望远镜拍摄的照片。从中可领略到半人马座 ω 星团的致密程度。
小图：半人马座 ω 星团核心的多彩图片，由哈勃空间望远镜在多个波段拍摄而成。

84 星系漫游者
遗落的球状星团

性质：球状星团
距离：30 万光年
星座：天猫座
赤经：07 时 39 分 21 秒
赤纬：+38 度 50 分

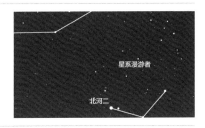

星系漫游者

北河二

如何观察

星系漫游者隐藏在不起眼的天猫座中，位于北河二北方不远。透过口径 100 毫米望远镜能捕捉到它，但只是一个非常暗弱的微小星点。用口径 400 至 500 毫米的望远镜观察，最多也不过是看出颗粒状形态而已，因此，如果抱着与欣赏其他著名球状星团一样的期待，想要看到壮丽的天体，大约会很失望。但是，想到眼前这个星团是如此遥远，便足以让人欣喜不已。

参见：60 造父一；91 麦哲伦云

绝大多数球状星团都散布在天文学家所说的银晕之中，也就是银河周围直径约 10 万光年的广阔球状空间内。但球状星团的分布并不均匀，它们大多都聚集在银心附近。1918 年，利用银心附近球状星团中的造父变星，美国天文学家哈尔罗·沙普利得以测定我们到银心的距离。他的结论是：我们的太阳系位于银河的边缘，准确地说，距离银河中心 2.6 万光年。大多数球状星团都离银心很近，但也有例外，特别是这个编号 NGC 2419 的球状星团，它距离银河中心达 30 万光年，是最偏远的球状星团，比大麦哲伦云还远。此外，这个星团环绕我们的银河系运转的速度也显著地偏高，这意味着它或许会由于离心力影响而脱离银河系，从此孤独终生，遗落在宇宙深处。"星系漫游者"这个绰号，实在是恰如其分。

图：美国亚利桑那州莱蒙山天文台拍摄的这张照片，揭示出天穹的深度。银河系中的几颗亮星在前景中闪耀，背后则是比它们遥远数百倍的星系漫游者。

85 天琴座环状星云
天上的烟圈

性质：行星状星云
距离：2500 光年
星座：天琴座
赤经：18 时 54 分 17 秒
赤纬：+33 度 03 分

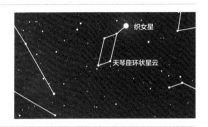

如何观察

M57 大致位于天琴座平行四边形中南侧两颗恒星连线的中点。用 60 毫米口径、100 倍放大率的望远镜观察，就可以辨认出它的形状——一片明暗均匀的完美的灰色椭圆。需要一台 100 毫米口径的望远镜，才能观察到它中心的深暗圆盘。透过一台 300 毫米以上口径的望远镜，当然还需要几乎没有大气扰动的好天气，甚至可以隐约看见星云中心的白矮星。

参见：32 日面；86 哑铃星云

天琴座环状星云，或称 M57，是最典型的行星状星云。这样的星云是像太阳这般普通大小的恒星灭亡时，在其四周形成的绚丽的葬冕。恒星在生命终结时，无法再留住大气层，大气被抛入宇宙空间，形成一朵气泡。这种星云诞生初期，在它的中心，恒星裸露的核心依然发光，将周围的气体照亮。残余的恒星核心小且炽热，称为白矮星。天琴座环状星云中心的白矮星温度达 10 万摄氏度，相比之下，太阳表面只有 5500 摄氏度。天琴座环状星云于 1779 年被法国天文学家安托万·达基耶发现，几年后，威廉·赫歇尔首次辨认出它的环状结构，称其为"被凿穿的星云"。环状星云的三维结构不容易推定，因为我们只能俯瞰它。它的侧面有可能像同类的哑铃星云那样，呈双瓣形，而且十分扁长。和许多行星状星云一样，长时间曝光的照片能够揭示出主环以外更为宽广的结构。那是环状星云成形之前，恒星物质喷发的结果。

大图：长时间曝光的照片展现出天琴座环状星云层层相接的喷发结构。

小图：强力业余天文望远镜中所见的环状星云。355 毫米口径望远镜，焦比 F/8，连接 ASI 178MM 相机，2700 次曝光，每次曝光时间 1 秒。

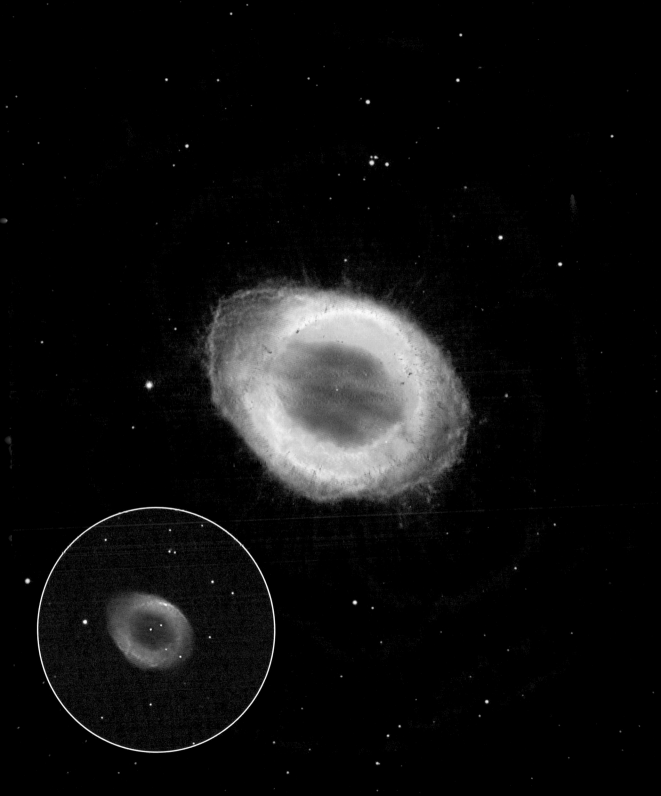

86 哑铃星云
天上的摇铃

性质：行星状星云
距离：1400 光年
星座：狐狸座
赤经：20 时 00 分 24 秒
赤纬：+22 度 46 分

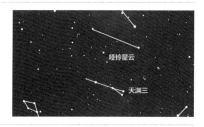

行星状星云以每秒数十公里的速度在宇宙中膨胀。按照这个速度，它们能被我们看到的时间仅有几千年，相比于产生它们的恒星数十亿年的寿命，只是昙花一现。正因如此，天空中能看到的行星状星云数量极少。哑铃星云，或称 M27、空竹星云，是我们的天空中最大的行星状星云之一。它如此醒目的原因有二。首先，它离我们很近，不到 1400 光年；其次，它很古老，因此已经充分膨胀。这个星云形状独特，呈双叶状，像一枚空竹或哑铃，也可以说，像一颗苹果核。这种"双极"结构在行星状星云中并不罕见，但迄今尚未发现哪一个像哑铃星云这样突出。这种不匀称的形状决定于恒星灭亡的前一刻；濒死的恒星会将它的大气抛向某两个方向。哑铃星云是人类发现的第一个行星状星云，1764 年由夏尔·梅西耶首次观测到。

毫无疑问，编号 M27 的这颗天体是小型望远镜中最美丽的行星状星云。定位到它很容易：首先找到狐狸座中一组像仙后座一样排列成 W 形的恒星，哑铃星云就位于 W 型的顶端。哑铃星云用肉眼无法看到，但在双筒望远镜中相当明显。如果大气扰动弱、图像质量稳定，甚至有可能辨认出哑铃形状。在 60 或 80 毫米口径望远镜中，哑铃形状更为明晰，而在 200 毫米口径望远镜中，暗弱的外围部分也将显形，改变星云的外表，景象十分震撼。

参见：85 天琴座环状星云；87 螺旋星云

大图：欧洲南方天文台拍摄的这张照片，揭示出哑铃星云的外形特征和明暗色彩。

小图：业余天文望远镜也能拍摄出哑铃星云的美丽照片。355 毫米口径望远镜，焦比 F/7，连接佳能 350D 单反相机，25 次曝光，每次曝光时间 2 分钟，ISO 800。

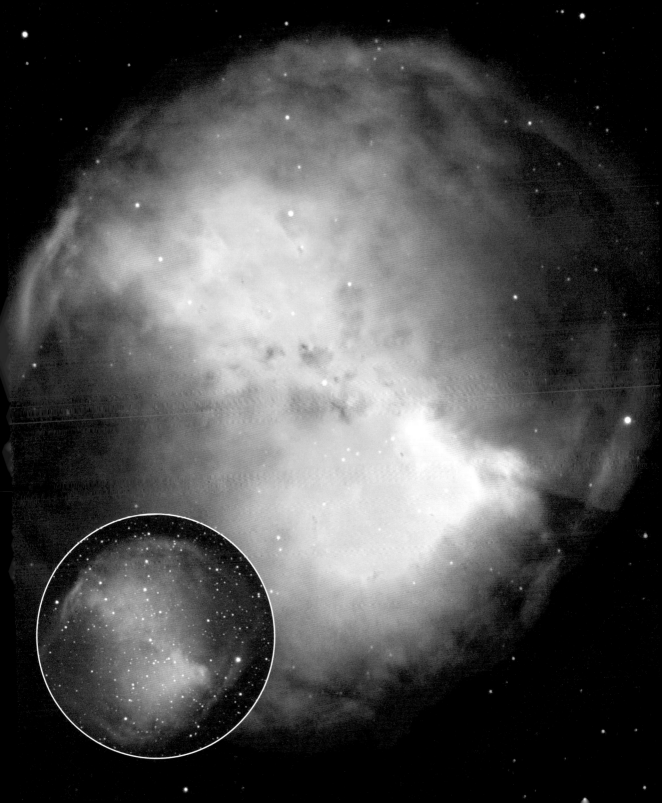

87 螺旋星云
最近的恒星爆炸遗迹

性质：行星状星云
距离：700 光年
星座：宝瓶座
赤经：22 时 30 分 36 秒
赤纬：-20 度 42 分

螺旋星云（NGC 7293）是离地球最近也是已知最庞大的行星状星云。1.2 万年前，一颗肉眼可见的无名红巨星急剧增亮，然后从天穹中消失。在它原本的位置上，一朵天花冉冉盛开，向宇宙深处张开无数的花瓣，越来越广大、越来越暗弱，形成了螺旋星云。螺旋星云的美丽色彩和恒星生命终结时喷射出的原子类型相关，红色来自氢，蓝绿色来自氧，黄色来自氮。这些元素将继续弥漫在宇宙空间，逐渐富集，或许终有一天会构成供生物呼吸的大气。由于距离很近，螺旋星云向我们展示出许多细节。1950 年，美国帕洛马山天文台的 5 米口径望远镜拍摄到了星云中像彗尾一样的壮观构造，这样的构造仅在这个星云中就超过了 2 万处，是不同温度的气体区域相互碰撞而形成的。利用哈勃空间望远镜，天文学家还发现了螺旋星云的第二个环。这个环更稀薄、更年轻，方向与我们看到的主环垂直。

如何观察

天气极好时，用双筒望远镜就能看到螺旋星云，像是一个边界清晰的灰色圆盘。就这个目标而言，使用更大的望远镜反而更难看清，因为它如此巨大而暗弱，放大之后，边界便很难分辨。不过，要观测这个星云，特别是其深暗的环心，有一个窍门：在目镜上加一种特殊的滤镜，即 OIII 滤镜。这种滤镜能滤掉天空背景光，同时使来自螺旋星云的光透过。

参见：85 天琴座环状星云；86 哑铃星云

图：业余天文望远镜也能完美呈现出螺旋星云的复杂结构。这张照片总计曝光超过 18 小时。130 毫米口径望远镜，焦比 F/7.7，连接顶点 U-8300 型 CCD 相机，使用 H-α 滤镜曝光 47 次，每次曝光时间 20 分钟，并使用 OIII 滤镜曝光 9 次，每次曝光时间 20 分钟。

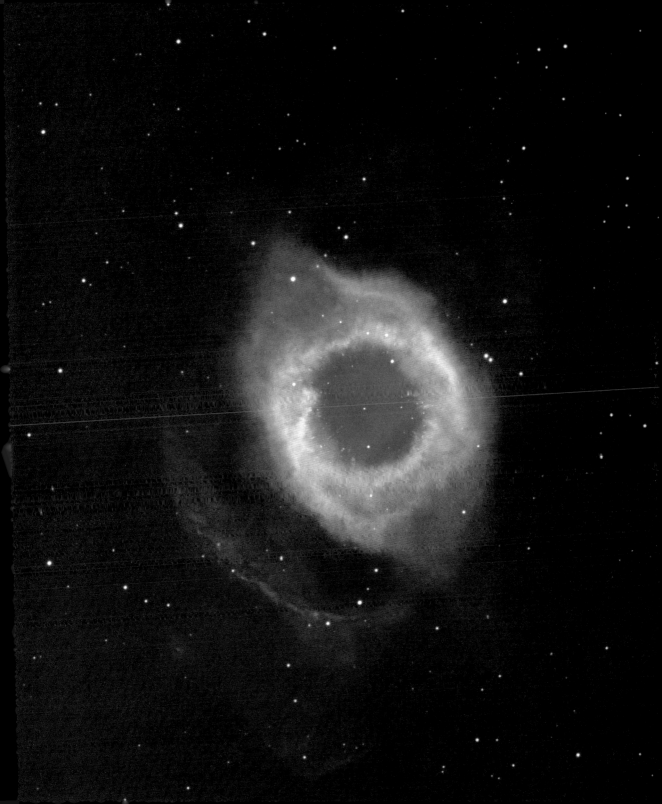

88 小丑脸星云
眨眼的星云

性质：行星状星云

距离：3500 光年

星座：双子座

赤经：07 时 30 分 18 秒

赤纬：+20 度 52 分

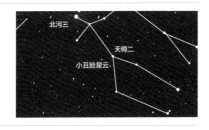

"小丑脸星云"这个绰号，得自其发现者，英国天文学家威廉·赫歇尔。在望远镜中，这个星云好似一张脸，靠近中心处长着一个巨大的弥漫状鼻子。星云周围的结构仿佛让它戴了一顶毛皮帽，又使人想起爱斯基摩人——这也成了它的另一绰号。威廉·赫歇尔也是"行星状星云"这一名称的发明者。这位著名的天文观测家发现，有些天体的外观很像是遥远的行星，例如他在 1781 年发现的天王星。21 世纪初，哈勃空间望远镜第三次大修后，便开始观测小丑脸星云。它所拍摄的精度无与伦比的照片，首次清晰揭示出"鼻子"和"皮帽"的细节。前者由形成不足 2000 年、彼此叠盖的气体球壳构成，后者则是由古老得多的物质组成的无数细长的纤维状结构，像螺旋星云中的物质那样，从中心发散而出。在这样丰富的细节之中，已经很难再辨认出小丑或者爱斯基摩人的模样了。

小丑脸星云的视直径和木星相近，在 60 毫米口径的折射望远镜中像是一颗模糊的恒星。星云中心的白矮星十分明亮，用高倍率目镜在 150 毫米口径的望远镜中很容易看到。如果直视这颗星，它似乎比星云弥漫开来的圆面要明亮很多；但如果让视线稍微偏离，它却暗淡下来。重复以上两个步骤，星云就仿佛在中央的恒星周围闪烁不定。这一戏剧性的效应被称为"眨眼效应"，和视网膜的敏感性有关。

参见：30 天王星；87 螺旋星云

大图：哈勃空间望远镜拍摄的这张大图是小丑脸星云迄今为止最清晰的照片。

小图：我们在业余望远镜中可以看到的图景。355 毫米口径望远镜，焦比 F/7，连接佳能 350D 单反相机，40 次曝光，每次曝光时间 30 秒，ISO 800。

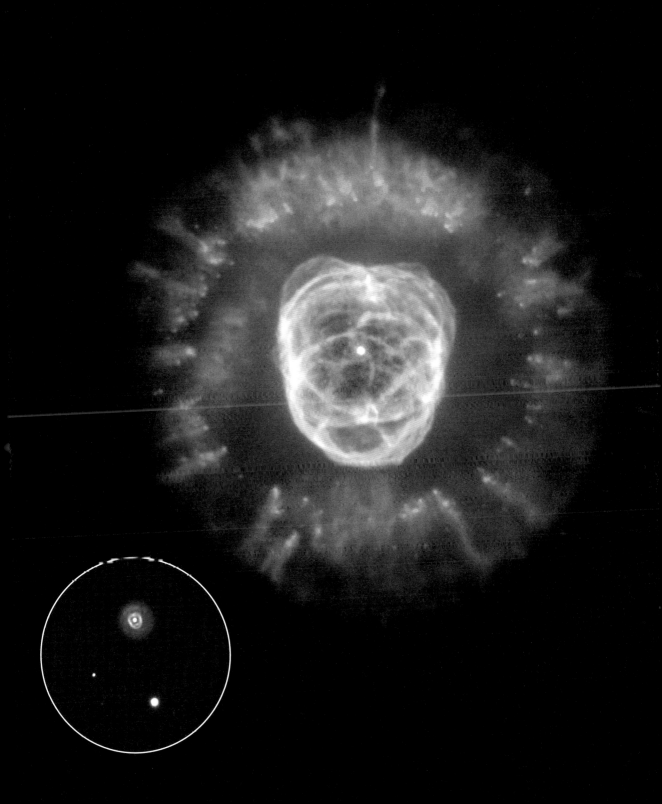

89 面纱星云
灾难的遗迹

性质：超新星遗迹
距离：1500 光年
星座：天鹅座
赤经：20 时 46 分 28 秒
赤纬：+30 度 47 分

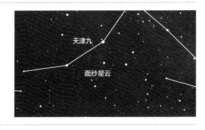

天津九

面纱星云

如何观察

超巨星的死亡残酷而壮美。燃料耗尽时，它们将坍缩，巨量的物质向中心急剧坠落，再以骇人的烈度反弹。恒星粉身碎骨，爆发出一道惊心动魄的灿烂光芒：超新星爆发。恒星的全部大气以每秒数千公里的速度被抛入宇宙空间。形成天鹅的面纱的这颗恒星爆发于大约 1 万年前，质量应该高达太阳的 10—20 倍。爆发后遗留下的是一颗小小的核心，称作脉冲星，它所发出的电磁脉冲以每秒数百次的频率闪烁。被抛出的气体继续在茫茫宇宙中行进，如今已经弥漫了直径约 90 光年的广大空间。这团膨胀气泡的边缘构成了天鹅座一大一小两个环边。威廉·赫歇尔早在 1784 年便发现了这两个天体，但直到 20 世纪初，人们才确认二者其实是同一次超新星爆发的遗迹。目前，天文学家已经在银河系内发现了 250 个超新星遗迹。据推测，银河系内平均每 100 年就会发生一次超新星爆发；尽管如此，上一次能用肉眼看到的银河系超新星爆发，已经是 1604 年的事了。

大面纱（东面纱）在双筒望远镜和小型望远镜中像一枚边缘略朦胧的回旋镖。小面纱（西面纱）则由于对比度很低，并被其中的天津增十九闪烁的星光所遮掩，观测起来相对困难，至少需要一台 100 毫米口径且配备 OIII 滤镜的望远镜。面纱星云的壮观之处，在 300 至 400 毫米口径的望远镜中更显鲜明：大小面纱中摄人心魄的精细纤维结构，此时仿佛近在眼前。

参见：47 腾蛇十二；90 蟹状星云

大图：小面纱中细腻的纤维结构弥漫在明亮的天津增十九两侧。
小图：广角镜头下的面纱星云。105 毫米口径望远镜，焦比 F/4.5，连接佳能 350D 单反相机，10 次曝光，每次曝光时间 4 分钟，ISO 800，由 3 张照片拼接而成。

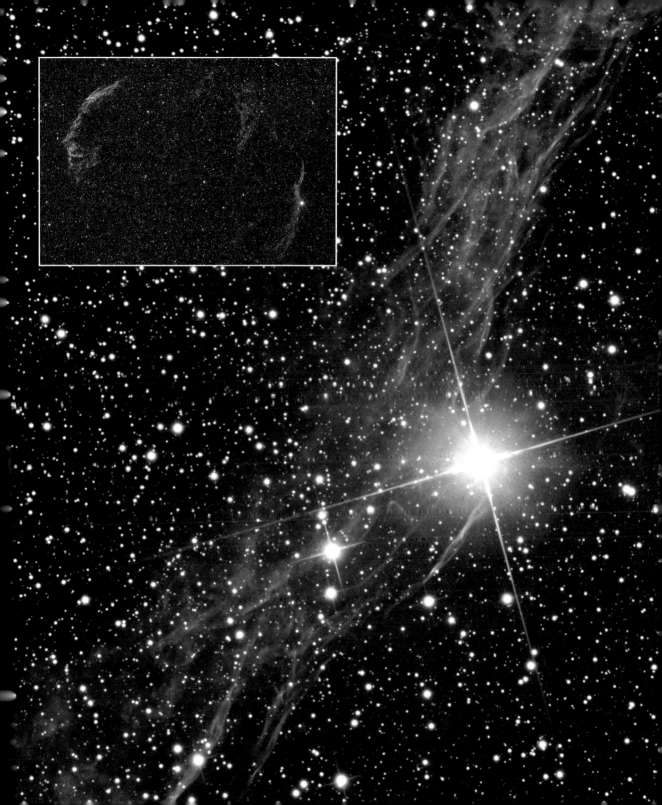

90 蟹状星云
中国人的客星

性质：超新星遗迹
距离：7000 光年
星座：金牛座
赤经：05 时 35 分 37 秒
赤纬：+22 度 02 分

蟹状星云是 1054 年中国人观测到的那颗超新星的遗迹。1054 年 7 月，宋朝的天文学家发现，天关星附近出现了一颗新的星星。这颗"客星"极其明亮，甚至超过了金星。此后的 3 个星期，白天也能看到这颗明亮的客星，而它还将继续在夜空中闪耀两年。差不多整整 7 个世纪过去，1758 年，著名的彗星搜寻家夏尔·梅西耶差点把金牛座的一小片星云误认为他正苦苦寻找的哈雷彗星。为了一劳永逸地摆脱此类干扰，他编制了一份表格，专门收录这些弥漫天体，并将金牛座的这个天体编号为 M1。将它与中国人记录的客星联系起来的，则是埃德温·哈勃：1928 年，他阐明了蟹状星云是 1054 年超新星爆发形成的气体云。这个星云今天仍在以每秒 1500 公里的速度膨胀，在随后的数千年中就将消失，那时天空其他的角落又将出现新的超新星遗迹。如果有一部影片完整地记录下人类诞生至今的天空，快进这部影片，我们就能看到，超新星此起彼伏地爆发，宛如焰火，照亮了银河。

如何观察

蟹状星云凸现于冬季银河的群星中。透过 60 毫米口径望远镜即可看见蟹状星云，呈现为一颗美丽的灰点。利用 100 至 200 毫米口径望远镜，便能看到清晰的 S 型。见惯了照片，我们也许以为能够轻松看到蟹状星云里的纤维状气体结构；但事实上，只有动用一台 500 毫米以上口径的望远镜，才能准确地观测到这样的细节。

参见：18 金星，牧羊人之星；47 腾蛇十二

大图：哈勃空间望远镜拍摄的照片。从中依然能感受到 1054 年超新星爆发的震撼。
小图：业余天文望远镜拍摄的蟹状星云纤维状气体结构。355 毫米口径望远镜，焦比 F/7，连接佳能 350D 单反相机，30 次曝光，每次曝光时间 2 分钟，ISO 800。

河外星系

想象一片大陆，它如此广阔，仿佛无边无垠。大陆上有数以千亿计的城市，每座城市都有数十亿居民。宇宙便是这样一片大陆，城市是星系，居民是恒星。城市与城市之间，只有空旷的沙漠。从一座星系到另一座星系，即使是最短的旅程，以每秒30万公里的光速，也需要数百万年。然而，以星系本身的尺度，它们相隔并不遥远。星系聚集成星系团，并且经常相互碰撞，融合为更大的星系。但星系的世界极为缓慢。数亿年前擦肩而过的两个星系，如今仍能看到它们彼此影响，仿佛它们的相遇近在昨日。这个世界也极为壮丽。有些星系中，恒星聚集成曲折的旋涡，美感无与伦比。我们旅程的尾声，便是这片河外星系的世界。

91 麦哲伦云
银河系的伴侣

性质：银河系的伴星系
距离：16 万—20 万光年
星座：剑鱼座、山案座和杜鹃座
赤经：05 时 19 分 20 秒（大麦哲伦云）
赤纬：-69 度 32 分（大麦哲伦云）

　　大、小麦哲伦云是银河系最大的两个伴星系。虽然这两个天体如今是以著名的葡萄牙航海家的名字命名，但其中的大麦哲伦云早在公元 905 年就已由波斯人苏菲发现。大麦哲伦云距离太阳 16 万光年，小麦哲伦云距离太阳 20 万光年。我们银河系还拥有其他十几个伴星系，有的要更近些，例如最近的大犬座矮星系，距离太阳仅 2.5 万光年。不过，除了大、小麦哲伦云之外，这些伴星系都很小，很难看到。现在已经可以确定，大、小麦哲伦云曾经是棒旋星系，然而在银河系的引力作用下改变了形状。小麦哲伦云包含大约 10 亿颗恒星，大麦哲伦云则是前者的 10 倍。大麦哲伦云里还有本星系群中已知最庞大的星云之一：蜘蛛星云。如果把蜘蛛星云移近到猎户座大星云的位置上，我们将看到一只巨型蜘蛛占据了从地平线到天顶 1/3 高度的天空，并且像金星一样明亮。1987 年，正是在蜘蛛星云的边缘，点燃了肉眼可见的最近一次超新星爆发。

如何观察

大、小麦哲伦云在夜空中明亮堪比银河，在南半球，没有光污染的情况下，用肉眼清晰可见。双筒望远镜中，它们呈现出美丽的形状，轮廓清晰可辨。大麦哲伦云的长度约为 10 度，相当于 20 个满月首尾相接；小麦哲伦云的视直径是前者的 1/3。使用小型望远镜，则可以看到大麦哲伦云中蜘蛛星云的细节，以及小麦哲伦云不远处巨大的球状星团杜鹃座 47。

参见：63 银河；66 猎户座大星云；97 波江座棒旋星系

上图：图中可比较大麦哲伦云（左）和小麦哲伦云的尺度。佳能 350D 单反相机，镜头焦距 90 毫米，光圈 f/4，30 次曝光，每次曝光时间 1 分钟，ISO 800。
下图：蜘蛛星云（左）和球状星团杜鹃座 47 细节图。

92 仙女座大星系
我们最庞大的近邻

性质：旋涡星系
距离：250 万光年
星座：仙女座
赤经：00 时 43 分 43 秒
赤纬：+41 度 22 分

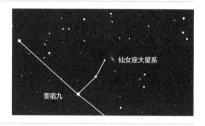

仙女座大星系

奎宿九

如何观察

在漆黑的夜空，用肉眼可以清楚地看到仙女座大星系，像一颗拉长的弥漫云斑。用双筒望远镜观察，最能领略仙女座大星系的壮观。旋涡状圆盘围绕着明亮的核心，圆盘的长径相当于 6 个满月的视直径，两个伴星系 M32 和 M110 也隐约可见。如果用小型望远镜观察，反倒有些不易，因为星系的盘面过大，超出了视场，而且对比度较低。但透过 300 毫米口径望远镜能够辨认出两条美丽的尘埃带，以及一些恒星密集的区域。

仙女座大星系，即 M31，是一个很早就为人类所知的天体。早在 10 世纪初，它就被波斯天文学家苏菲首次记录下来。然而，到了 1922 年，埃德温·哈勃证明这个天体远在 100 万光年之外，这意味着它不可能属于银河系。苏菲记录下的那片"小云"由此晋升为一类新的天体：星系，而且是极其庞大的星系。近年来的观测表明，这位邻居距我们 250 万光年，是离银河系最近的旋涡星系，也是银河系的大姐姐：它的尺寸和恒星数量都是银河的两倍。哈勃空间望远镜曾对准它的核心区域拍摄，发现了两个明亮的结构，其中一处可能是真正的核心，另一处则只是恒星公转过程中形成的密集区域。尽管由于宇宙在膨胀，星系彼此将逐渐疏远，但在这一过程中，不同星系仍可能相遇，甚至相撞。正以每秒 100 公里的速度接近我们的仙女座大星系，将于 30 亿年之后与银河系相撞。这两个星系中的居民将看到头顶的天空美得惊心动魄：两条银河的光带交相辉映。

参见：60 造父一；63 银河

图：仙女座大星系是天空中视直径第二大的天体，仅次于大麦哲伦云。它的旋涡盘面对比度不高，要想拍摄其中的细节，需要很长的曝光时间。105 毫米口径望远镜，焦比 F/5.8，连接佳能 350D 单反相机，24 次曝光，每次曝光时间 3 分钟，ISO 800。

93 三角座星系
肉眼可见的最远星系

性质：旋涡星系
距离：270 万光年
星座：三角座
赤经：01 时 34 分 57 秒
赤纬：+30 度 45 分

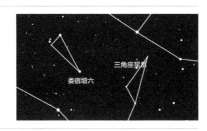

娄宿增六

三角座星系

如何观察

用肉眼观察三角座星系是很有挑战的。不仅需要大气纯净、夜空黑暗，还需要一双山猫般锐利的眼睛。在良好的条件下，用双筒望远镜能清晰地看到三角座星系，呈现为一只亮度均匀的椭圆状圆盘，长轴几乎正好是南北向。在 100 毫米口径望远镜中，可以分辨出中心区域的亮度稍强，那正是星系的核心。在 300 至 400 毫米口径的望远镜中，可以欣赏三角座星系优美的旋臂。

参见：63 银河；66 猎户座大星云；92 仙女座大星系

银河系和仙女座大星系同属一个由散布在 1000 万光年范围内的 50 多个星系组成的小集团——本星系群，并且是其中最大的两个成员。本星系群中第三大的天体就是三角座星系，在梅西耶星云星团表中编号 M33。相比它的两个姐姐，三角座星系的确不大，仅包含 400 亿颗恒星。但是，它的旋臂结构十分完整，而且在天空中最为绚丽，因为它的旋涡盘面正好与我们相对。天文学家在三角座星系的活跃旋臂中发现了许多电离氢区，每个区域中都有数百颗恒星正在形成。其中最大的是 NGC 604 星云，1784 年便已由威廉·赫歇尔发现。这个星云绵延约 1500 光年，比猎户座大星云明亮 6000 倍。斯皮策空间望远镜拍摄的红外图像揭示出，三角座星系的盘面以外环绕有巨大的、触手状的低温气体结构，因此，它的确切直径尚难以测定。它与我们的距离同样不太确定，大约在 250 万－300 万光年之间，因此，三角座星系只比仙女座大星系离我们远一点点。但正是因为这一点点，它是迄今为止人类肉眼可见的最远星系。

大图：智利帕瑞纳山上的甚大巡天望远镜拍摄的三角座星系。旋臂中镶嵌着恒星密集区和红色的氢云。

小图：用业余小型望远镜拍摄的三角座星系。

94 M81 与 M82
迷人的二重奏

性质：旋涡星系
距离：1200 万光年
星座：大熊座
赤经：09 时 57 分 06 秒（M81）
赤纬：+68 度 59 分（M81）

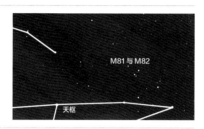

M81 与 M82

天枢

如何观察

据说少数有经验的观测者能用肉眼估测这两个星系的位置。而在双筒望远镜中，这对组合清晰可见。小型望远镜很容易将 M81 和 M82 纳入同一个视场内，前者是一个优美的椭圆，后者则是在南北方向延伸的银白色纺锤。在双筒望远镜中，已经能分辨出二者形状的差异；利用 200 毫米口径望远镜则能辨认出 M82 中心一道将其一分为二的暗痕；想要看清 M81 的旋臂，就需要口径大于 400 毫米的望远镜了。

1774 年，德国天文学家约翰·波德发现了 M81 和 M82，它们堪称天空中最美丽的双星系。有时，M81 因其发现者的名字而被称为"波德星系"，细长的 M82 则因其形状而被称为"雪茄星系"。M81 和 M82 距离我们只有 1200 万光年，同属于一个小星系团——M81 星系团，它排在距离 800 万光年的玉夫座星系团之后，是离银河所在的本星系群第二近的星系团。和我们的本星系群一样，这两个星系团也不太致密，并且各自由两个主要的大星系支配。M81 的规模与仙女座大星系相当，M82 明显不及，但新恒星诞生得极频繁，使它分外明亮。这种现象称为"星暴活动"，源自 600 万年前 M82 与 M81 的一次碰撞，其影响延续至今。相撞时，像 M82 这样较小的星系总是要遭受更严重的冲击——这或许也是未来和仙女座大星系相遇后银河系的命运……

参见：92 仙女座大星系；95 M51；98 触须星系

图：M81 与 M82 的视距离稍大于满月的直径，使用小型望远镜拍摄照片，很容易将二者同时摄入。105 毫米口径望远镜，焦比 F/5.8，SBIG ST-8300M 型 CCD 相机，25 次曝光，每次曝光时间 6 分钟。

95 M51
相互作用的双星系

性质：旋涡星系
距离：2300 万光年
星座：猎犬座
赤经：13 时 30 分 41 秒
赤纬：+47 度 06 分

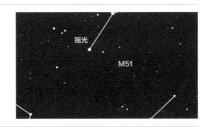

摇光

M51

　　天文学家估计，在全宇宙的 2000 亿个星系之中，有 2% 与邻近星系相互作用。最著名的一例就是拖曳着小伴星系的涡状星系，又称 NGC 5194、M51a。小小的伴星系 NGC 5195（M51b）的形状已经彻底扭曲，天文学家甚至难以将其归类。一道潮汐桥看上去连接了两个星系，其实这只是错觉：小星系 NGC 5195 位于涡状星系之后数十万光年处。夏尔·梅西耶当年没能区分开的这两个星系正在相互作用，不断引发星暴活动，较大的星系中也有这种活动存在的证据：根据哈勃空间望远镜的观测结果，天文学家已经在涡状星系中发现了不少于 100 处电离氢云。涡状星系是第一个被记录具有旋涡形状的星系。当然，1845 年，爱尔兰天文学家罗斯伯爵透过他 1.8 米口径的巨镜"利维坦"发现它的旋涡结构时，他还不知道这个天体远在 2300 万光年外。

如何观察

M51 是最容易观察到的一对相互作用星系。使用 10 倍放大率的双筒望远镜已能勉强看到两个云雾状斑点。80 毫米口径的望远镜便可以将两个弥漫的天体区分开。在 200 毫米口径望远镜中，两个星系的核心十分明亮，如恒星一般。在 400 毫米口径的望远镜中，主星系更显壮观，旋臂清晰可辨。旋臂上像是打了许多结，实际上，那是一个个庞大的恒星集团。

参见：94 M81 与 M82；98 触须星系

大图：这张涡状星系的俯视图来自哈勃空间望远镜。
小图：对于天文摄影爱好者，这对双星系是一个上好目标。200 毫米口径望远镜，焦比 F/8，连接佳能 350D 单反相机，20 次曝光，每次曝光时间 7 分钟，ISO 800。

96 草帽星系
宇宙膨胀的证明

性质：旋涡星系
距离：2800 万光年
星座：室女座
赤经：12 时 40 分 58 秒
赤纬：-11 度 43 分

角宿一　草帽星系

如何观察

用双筒望远镜很容易看到草帽星系，位于一群组成微型埃菲尔铁塔形状的恒星顶端。在 100 毫米口径望远镜中，草帽星系十分明亮，能看出椭圆形的轮廓，但黑暗的尘埃吸收带仍然难以观察。在 200 至 300 毫米口径的望远镜中，尘埃吸收带就很明显了。一道暗色大条纹穿过整个发光盘面，紧贴星系核心的南缘。

参见：63 银河；65 银河大裂缝

　　草帽星系（M104）不及我们的银河系广阔，但质量巨大，包含逾 1 万亿颗恒星，周围有 1000 多个球状星团环绕。草帽星系的旋转轴和我们的视线有 84 度的夹角，因此我们几乎完全是在侧视这个星系，始终面向着一个巨大尘埃盘的侧边，它仿佛将整个星系一分为二。这些细微的尘埃颗粒，总质量是太阳的近 1000 万倍。2012 年，斯皮策空间望远镜的视线终于穿透了尘埃，发现它是一个同时具椭圆和旋涡特征的庞大星系。草帽星系也是一个有历史意义的星系：1912 年，天文学家维斯托·斯里弗发现，与此前观测的天体相比，它的可见光谱线整体向红端大幅偏移。这种"红移"现象表明这个星系正在离我们远去。从偏移的程度还可以计算出，它远离的速度高达每秒 1000 公里。20 世纪 20 年代末，埃德温·哈勃在所有的遥远星系中都发现了这种光谱红移现象，由此断言宇宙正在膨胀，并提出了著名的哈勃定律，将星系的远离速度和其距离联系起来。草帽星系正是宇宙膨胀的第一个证据。

大图：甚大望远镜拍摄的这张照片上，草帽星云恢宏壮观。

小图：透过业余天文望远镜也能辨认出尘埃带。355 毫米口径望远镜，焦比 F/7，连接佳能 350D 单反相机，34 次曝光，每次曝光时间 3 分钟，ISO 800。

97

波江座棒旋星系
最美丽的棒旋星系

性质：棒旋星系
距离：6100 万光年
星座：波江座
赤经：03 时 20 分 32 秒
赤纬：-19 度 21 分

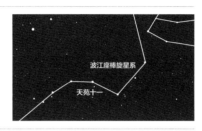

波江座棒旋星系（NGC 1300）或许是棒旋星系最为美丽的代表。棒旋星系是埃德温·哈勃于 20 世纪 30 年代提出的星系分类法中的一类，它们的核心和旋臂之间存在由恒星组成的棒状结构。此外还有椭圆星系（圆形或椭圆形）和普通旋涡星系（没有棒状结构）。棒旋星系占到所有旋涡星系的 2/3 以上，但在一些成员，比如我们的银河系中，几乎无法分辨棒状结构；波江座棒旋星系的棒状结构则十分突出。在星系演化中，这种结构至关重要，因为恒星会在其中以更快的速度形成。但在星系的一生中，棒状结构并不会一直存在，而是有自己的演化历程。它会不断增长，直到超过临界值，然后解体。哈勃空间望远镜 2004 年拍下了一张照片，表明波江座棒旋星系的核心还有一只小小的螺旋内盘，规模超过 3300 光年。这种奇妙的结构，只有在像波江座棒旋星系这样棒状结构明显的星系中才会出现。

如何观察

由于位于南天，波江座棒旋星系在北半球（尤其是中纬度地区）不会升到很高的位置。因此，选择条件良好的夜间进行观测是十分关键的。在 100 毫米口径望远镜中，可以看到一颗苍白的斑点。要想分辨它壮观的结构，需要 300 至 400 毫米口径的望远镜，此时能看到棒状结构从核心两侧延伸出来，而亮度较弱的旋臂呈反S 形，对称分布在星系两侧。

参见：63 银河；99 室女座星系团

图：哈勃空间望远镜拍摄的波江座棒旋星系令人惊叹的旋涡结构。由于缺乏年轻恒星，星系中心呈黄色。年轻恒星分布在旋臂中，为它们染上蓝色。

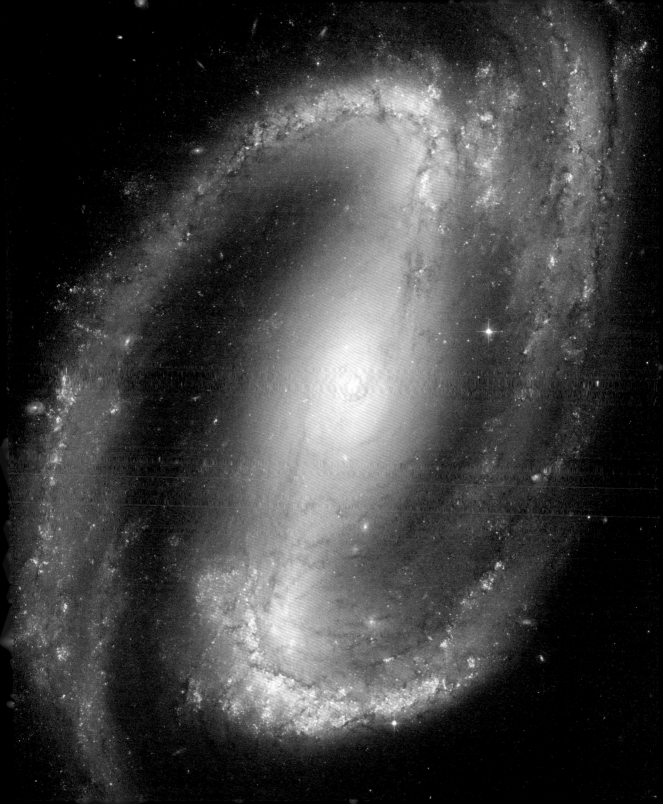

98 触须星系
激烈碰撞的双星系

性质：旋涡星系

距离：4500 万光年

星座：乌鸦座

赤经：12 时 02 分 51 秒

赤纬：-18 度 58 分

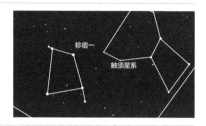

相互作用的星系在宇宙中或许还算常见，但一场正在直播的星系碰撞却不易目睹。这正是 1785 年由威廉·赫歇尔发现的双星系 NGC 4038 和 NGC 4039 此刻上演的奇观。天文学家认为，二者的碰撞始于大约 6 亿年前。今天，除了尽情观看这壮丽的演出，天文学家也得以借此良机，观察星系碰撞的后果。这是一场发生在两个星系内部的盛大的焰火表演，点亮了数千个星云及由年轻恒星组成的星团。两个星系的旋臂变形、瓦解，核心逐渐靠近。大约 4 亿年后——对星系而言，相当于"明天"——它们就将融为一体。这次碰撞之后，将诞生一个更大的星系，形状无疑是椭圆形。天文学家们推断，星系团中心那些巨型椭圆星系正是如此形成的。最后，碰撞抛射出两道由恒星和气体构成的庞大喷流，"触须星系"的绰号由此诞生。只有在长时间曝光的照片上才能看到这些喷流，它们一路延伸到 10 倍于这两个星系大小的宇宙空间中。

如何观察

在 100 毫米口径的望远镜中，触须星系是一个弥漫的斑点，辨不清细节。在 200 毫米口径的望远镜中，有可能看到触须星系的两个组成部分形成朝西的 V 形。透过 300 至 400 毫米口径的望远镜，则可以分辨出触须结构。这两个星系组成奇异的形状，仿佛一个松散的、不对称的飞去来器。位于北侧的 NGC 4038 更明亮、更扭曲，而南侧的 NGC 4039 更为纤细。

参见：95 M51；99 室女座星系团

大图：在因碰撞彻底扭曲之前，触须星系无疑是两个美丽的旋涡星系。这张细节丰富的照片由哈勃空间望远镜拍摄。

小图：广角长时间曝光拍摄的照片揭示出组成"触须"的物质喷流。

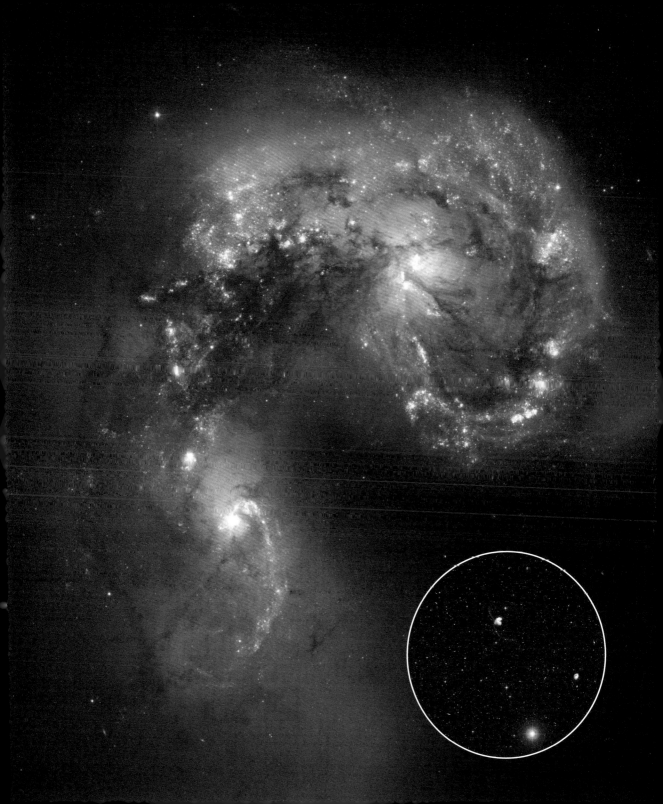

99 室女座星系团
恢宏的星系团

性质：星系团
距离：6500 万光年
星座：室女座
赤经：12 时 27 分 08 秒（M86）
赤纬：+12 度 51 分（M86）

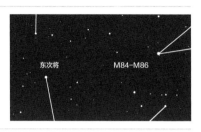

东次将　　　M84-M86

如何观察

室女座星系团覆盖了约合 60 个满月的广大天区。其中有 15 个较明亮的星系，梅西耶当年就将它们收入了《星云星团表》中；透过较为强大的业余天文望远镜，还能看到其他数百个。该星系团核心最致密的部分，有几个椭圆星系用双筒望远镜就能看到，比如 M84、M86 和 M87。用 100 至 200 毫米口径的望远镜缓慢巡视这个区域，特别是沿着 M84 和 M86 东侧的"马卡良星系链"扫视时，许多弥漫的光点将次第出现在视野中。

星系并非孤岛。它们聚集起来形成星系团，每个星系团中有数十至数千个成员。室女座星系团是我们的天空中最壮观的星系集团，距离我们只有 6500 万光年。它拥有约 2000 个旋涡星系和椭圆星系；相比之下，我们的本星系群里，旋涡星系只有 3 个。室女座星系团的统治成员是若干个拥有近万亿颗恒星的巨型椭圆星系。这样的星系频繁诞生于星系团的中心，它们像触须星系一样，是由多个旋涡星系融合而成。通过研究这个星系团中星系的分布，可以明显地发现，星系团中分布不均匀的区域正在聚拢，将在未来融合成更大的星系。室女座星系团的引力作用半径达到 1 亿光年，吸引着包括我们的本星系群在内的 100 多个较小的星系集团，共同组成一个包括近 1 万个星系的巨大结构——室女座超星系团，或称为本超星系团。

参见：98 触须星系；100 阿贝尔 1656

大图：室女座星系团中心区域的马卡良星系链，由广角镜头收入同一张照片中。105 毫米口径望远镜，焦比 F/5.8，连接 SBIG ST-8300M 型 CCD 相机，10 次曝光，每次曝光时间 5 分钟。
小图：马卡良星系链中，NGC 4438 和 NGC 4435 星系的细节图。

100 阿贝尔 1656
后发座星系团

性质：星系团
距离：3.3 亿光年
星座：后发座
赤经：13 时 00 分 29 秒（NGC 4874）
赤纬：+27 度 52 分（NGC 4874）

周鼎一
后发座星系团

如何观察

后发座星系团是业余天文望远镜能看到的最远天体之一。在如此遥远的距离上，只有其中的巨型椭圆星系能够透过业余天文望远镜一显真容。用 200 毫米口径的望远镜，能够看到在后发座星系团中占据统治地位的 NGC 4889 和 NGC 4874，像是两颗靠得很近的弥漫光点。两个星系北侧有一颗 7 等星，会稍稍干扰观测效果。透过 400 毫米口径的望远镜，能够看到 10 余个星系。

参见：99 室女座星系团

大图：在这张广视场照片上，每一颗弥漫的小光点都是后发座星系团中一个庞大的星系。105 毫米口径望远镜，焦比 F/5.8，连接 SBIG ST-8300M 型 CCD 相机，16 次曝光，每次曝光时间 5 分钟。
小图：哈勃空间望远镜拍摄的照片。图中可以看到壮观的引力透镜效应。

后发座星系团，又称阿贝尔 1656，比室女座星系团更为丰饶、更为致密，1 万个星系聚集在仅 1000 万光年的范围内。但由于与地球相隔 3.3 亿光年，它在我们眼中的壮丽大大减损了。如此致密的星系团中，星系频频相撞，几乎已经没有旋涡星系存在，而是全都融合为巨型椭圆星系，每个星系内都包含数亿颗恒星。这个遥远的星系团常被用来测定宇宙膨胀的速度。此外，正是得益于它，天文学家才开始怀疑宇宙中有暗物质存在。1933 年，天文学家弗里茨·茨威基推断，考虑到后发座星系团的运动速度，只靠其中的可见物质根本无法维持其紧密结构。天文学家如今认为，可见星系的质量只占这个星系团总质量的 10%。后发座星系团的质量如此庞大，甚至彻底扭曲了附近的时空，印证了爱因斯坦相对论的预测。时空扭曲导致了壮观的引力透镜现象：背景中的星系仿佛形成了环绕星系团的圆弧。

101 类星体 3C 273
最亮的天体

性质：类星体
距离：24.4 亿光年
所在星座：室女座
赤经：12 时 30 分 03 秒
赤纬：+01 度 57 分

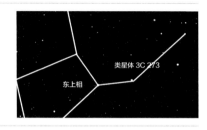

类星体 3C 273
东上相

如何观察

类星体 3C 273 稍稍亮于 13 等星，是业余天文望远镜能观察到的最遥远的天体。200 毫米口径的望远镜中，可以确凿无疑地观测到 3C 273——一颗泛着蓝光的微弱圆点，位于一颗与它视亮度相仿的恒星的正东方。看似不显眼的 3C 273 其实是我们所知最明亮的天体，绝对星等达 -26.7。这意味着，只需把它摆在离地球 33 光年的地方，它就会和距我们仅 500 光秒的太阳一样明亮，足以照亮我们的天空。

参见：50 天鹅座 X-1；64 银心

大图：靠近图片中央是业余望远镜能看到的最遥远天体，它栖身于室女座。佳能 6D 单反相机，镜头焦距 14 毫米，光圈 f/2.8，6 次曝光，每次曝光时间 30 秒，ISO 4000。
小图：类星体 3C 273 位于这幅用望远镜拍摄的照片的正中心。

3C 273 是一个类星体。"类星体"之名得自它们在光学望远镜中与恒星相似的外观。但它们同时又是极强大的射电源。准确地说，类星体是极其遥远、位于 10 亿光年之外的星系核，中心是一个巨大的黑洞。物质向黑洞坠落，温度升高，发出极强的辐射，射电波段尤为强烈。第一个类星体于 20 世纪 50 年代末被探测到，此后至今，发现的数量已超过 10 万。3C 273 与地球相隔了广袤得不可思议的 24.4 亿光年，比仙女座大星系足足远了 1000 倍。以这样的距离计算，根据哈勃定律，3C 273 正在以每秒近 5 万公里的速度远离我们。像 3C 273 这样的类星体，核心的黑洞每年需吞噬数百个太阳质量的物质，又将一部分物质抛射而出，形成壮观的喷流。"食物"耗尽时，它所吞噬的星系将变成普通的天体，无法再从如此远的地方观察到。不过，鉴于光速有限，假如 3C 273 核心的黑洞此刻刚刚吃完了最后一餐，要等我们接到这个消息，也在 25 亿年之后了。

月面图和
四季星空图

附上两张月面图，方便读者识别月海及我们的
天然卫星上那些最美丽的地质构造。8 张星空
图囊括了本书展示的所有恒星、星云和星系，
也包括了全天的 88 个星座。建议读者根据所
处的地点和季节选择一张对应的星图，由此便
可迅速判断某一恒星或星座在北半球或南半球
某一时间段内是否可见。如果想准确知道书中
某一天体的位置，则可以根据它在书中的编号，
在图中寻找。

主要的月海

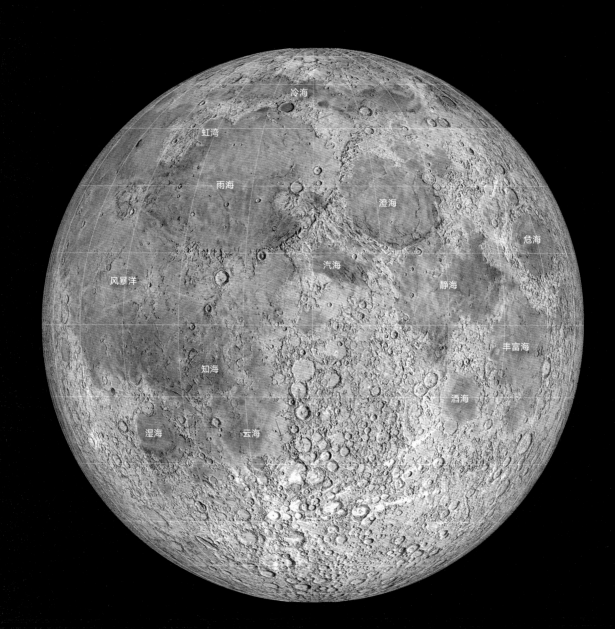

冷海
虹湾
雨海
澄海
危海
汽海
风暴洋
静海
丰富海
知海
酒海
湿海
云海

月面的主要构造

毕达哥拉斯
环形山

柏拉图
环形山

亚里士多德
环形山

赫拉克勒斯
环形山

阿尔卑斯
月谷

欧多克索斯
环形山

阿特拉斯
环形山

吕姆克山

阿基米德环形山

施勒特尔月谷

亚平宁山脉

普罗克洛斯环形山
辐射纹

火山区

火山口

开普勒环形山
辐射纹

哥白尼环形山

许癸努斯月溪

柯西月溪和火山

托勒密环形山

西奥菲勒斯环形山

伽桑狄环形山

阿尔扎赫尔环形山

直壁

弗拉卡斯托罗
环形山

佩塔维斯环形山

第谷环形山辐射纹

席卡德环形山

第谷环形山

克拉维斯环形山

北半球春季星空

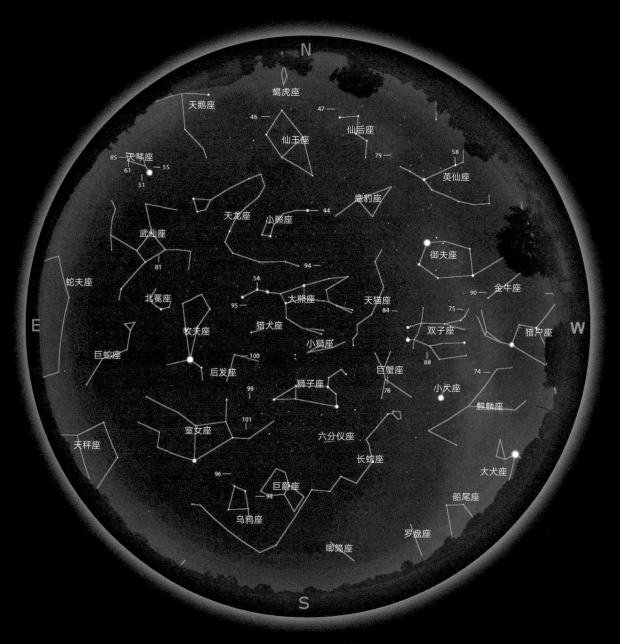

N

天鹅座　蝎虎座
46　47 —
仙王座　仙后座
79 —
85 — 天琴座　58
61 —　55　英仙座
51
鹿豹座
天龙座　小熊座　44
武仙座
御夫座
81　94
金牛座
蛇夫座　90
北冕座　54　大熊座　天猫座　75
95 —　84　猎户座
牧夫座　猎犬座　双子座　W
E　小狮座　88
巨蛇座　100　巨蟹座　74
后发座　78　小犬座
99
狮子座　麒麟座
101
室女座　六分仪座
天秤座　长蛇座
大犬座
96 —
巨爵座　船尾座
98
乌鸦座　罗盘座
唧筒座

S

黄色数字代表本书中的天体编号

南半球秋季星空

黄色数字代表本书中的天体编号

北半球夏季星空

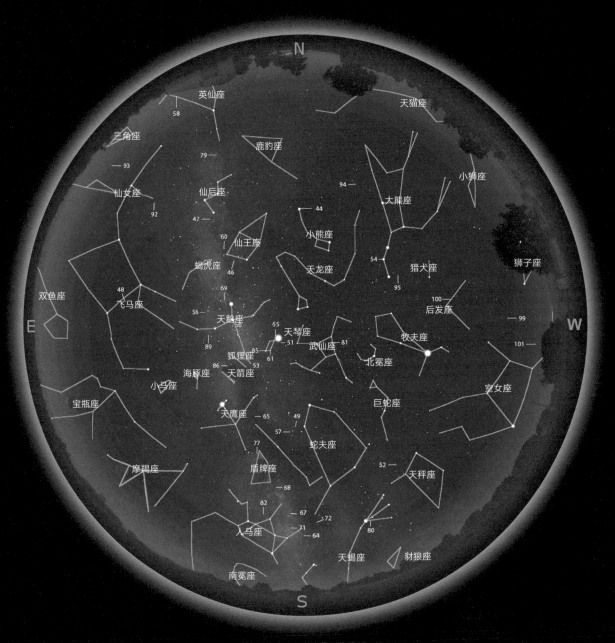

黄色数字代表本书中的天体编号

南半球冬季星空

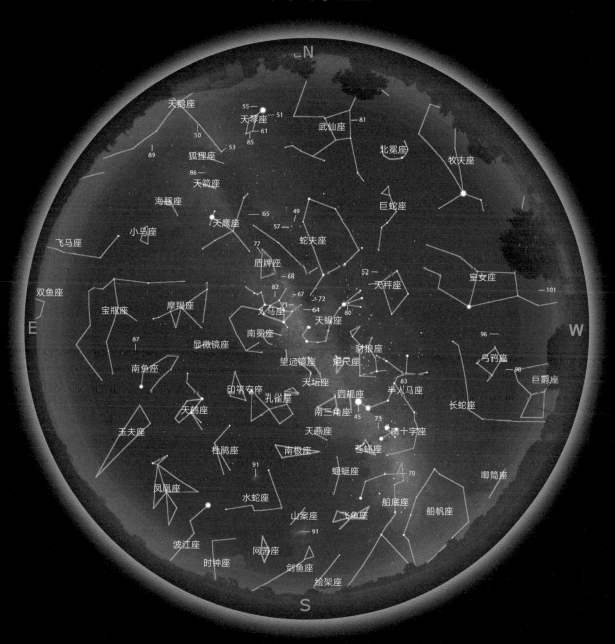

黄色数字代表本书中的天体编号

北半球秋季星空

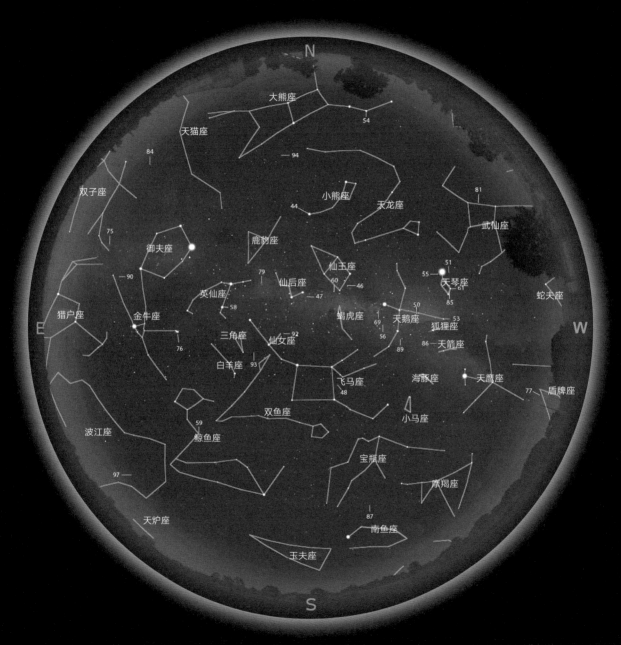

黄色数字代表本书中的天体编号

南半球春季星空

N

蝎虎座
仙女座
天鹅座
三角座
—92
狐狸座
白羊座
—93
飞马座
天箭座
—89
双鱼座
48
海豚座
86 —
小马座
鲸鱼座
59
宝瓶座
天鹰座
玉夫座
南鱼座
—87
摩羯座
77 —
盾牌座
猎户座
97 —
显微镜座
波江座
天炉座
蛇夫座
—68
凤凰座
天鹤座
人马座
—82
望远镜座
67 —
天兔座
杜鹃座
印第安座
南冕座
—71
72 —
时钟座
蚓尾座
水蛇座
—91
孔雀座
大鹃座
网罟座
天坛座
天蝎座
剑鱼座
山案座
南极座
给架座
矩尺座
大犬座
31
禾燕座
南三角座
船尾座
飞鱼座
蝘蜓座
圆规座
45
豺狼座
船底座
苍蝇座
73
半人马座
船帆座
南十字座
70

E   W

S

黄色数字代表本书中的天体编号

北半球冬季星空

黄色数字代表本书中的天体编号

南半球夏季星空

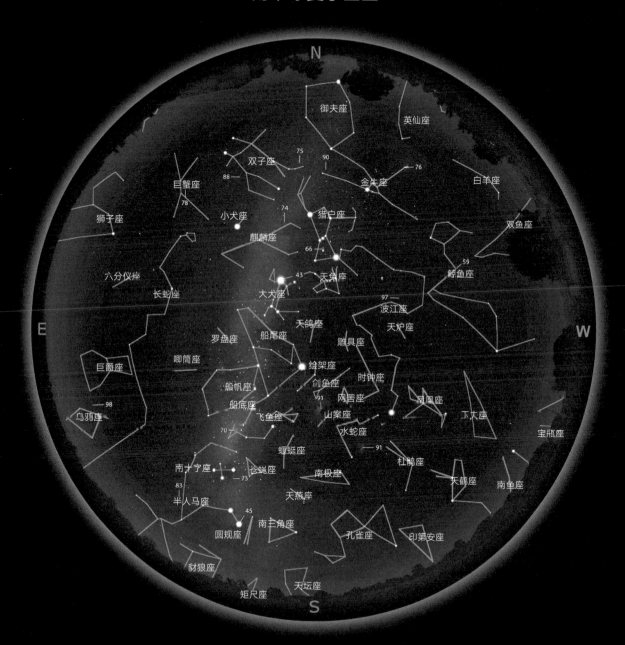

N

御夫座
英仙座

双子座 75 90

巨蟹座 88 76 白羊座

金牛座

78 小犬座 74 猎户座 双鱼座

狮子座 麒麟座 66 59

六分仪座 43 天兔座 鲸鱼座

长蛇座 大犬座 97 波江座

E W

天鸽座 天炉座

罗盘座 船尾座 雕具座

巨爵座 唧筒座 绘架座

船帆座 剑鱼座 时钟座

乌鸦座 98 船底座 91 网罟座 凤凰座

飞鱼座 山案座 卜女座

70 水蛇座 宝瓶座

蝘蜓座 91 杜鹃座

南十字座 苍蝇座 南极座 天鹤座 南鱼座

83 73

半人马座 天燕座

45 南三角座

圆规座 孔雀座 印第安座

豺狼座

矩尺座 天坛座

S

黄色数字代表本书中的天体编号

中西星名对照表

中国星名	西方星名	中国星名	西方星名
北河二	双子座 α	渐台二	天琴座 β
北河三	双子座 β	渐台三	天琴座 γ
毕宿五	金牛座 α	角宿一	室女座 α
蒭藁增二	鲸鱼座 ο	开阳	大熊座 ζ
大角星	牧夫座 α	奎宿九	仙女座 β
大陵五	英仙座 β	老人星	船底座 α
氐宿三	天秤座 γ	娄宿增六	三角座 α
氐宿四	天秤座 β	南河三	小犬座 α
东次将	室女座 ε	南门一	半人马座 ε
东上相	室女座 γ	南门二	半人马座 α
斗宿二	人马座 λ	辇道增五	天鹅座 η
斗宿三	人马座 μ	辇道增七	天鹅座 β
辅	大熊座 80	参宿四	猎户座 α
勾陈一	小熊座 α	参宿七	猎户座 β
鬼宿四	巨蟹座 δ	十字架二	南十字座 α
海山二	船底座 η	室宿一	飞马座 α
河鼓二（牛郎星）	天鹰座 α	室宿二	飞马座 β
箕宿一	人马座 γ	室宿增一	飞马座 51

中国星名	西方星名	中国星名	西方星名
螣蛇九	仙王座 ε	天渊三	人马座 α
螣蛇十二	仙后座 ρ	天苑十一	波江座 τ[4]
天弁一	盾牌座 α	天樽二	双子座 δ
天船一	英仙座 η	王良一	仙后座 β
天大将军一	仙女座 γ	五车二	御夫座 α
天钩五	仙王座 α	心宿二	天蝎座 α
天关	金牛座 ζ	摇光	大熊座 η
天纪二	武仙座 ζ	羽林军八	南鱼座 ε
天纪增一	武仙座 η	钺	双子座 η
天江三	蛇夫座 θ	造父一	仙王座 δ
天津四	天鹅座 α	造父二	仙王座 ζ
大津九	天鹅座 ε	造父四	仙王座 μ
天津增十九	天鹅座 52	轸宿一	乌鸦座 γ
天津增廿九	天鹅座 61	织女一（织女星）	天琴座 α
天狼星	大犬座 α	织女二	天琴座 ε
天困九	鲸鱼座 δ	周鼎一	后发座 β
天枢	大熊座 α	宗人四	蛇夫座 70
天璇	大熊座 β	宗正一	蛇夫座 β

* 本书正文内，恒星名称优先采用中国传统星名。为方便与按星座分类的现代星图对照，此处列出对应的西方星名，以拜耳命名法（星座名＋希腊字母）优先，拜耳命名法未涵盖的恒星，采用弗兰斯蒂德命名法（星座名＋数字）。——编注

术语表

观察天空

手指测角度法

用角度可以衡量天体视直径或天体之间的视距离。例如，地平线到天顶的距离为 90 度，太阳和满月的视直径均约为 0.5 度。用手指估测角度，是一种简便实用的方法。把手臂向前伸直，此时小拇指的宽度约对应 1 度，一拳约为 10 度，张开的手从大拇指到小拇指约为 20 度。

参见：第 6 节 "黄道光"、第 55 节 "织女二"

视星等

衡量从地球观察到的天体亮度（视亮度）的指标。最早的标准由古希腊天文学家伊巴谷制定，他将夜空中的恒星分为 6 等，1 等最亮，6 等最暗，6 等星接近人眼视力的极限。1000 多年后，人们测得 1 等星的亮度约为 6 等星的 100 倍，于是以此为标准将星等扩展，并引入负数星等来描述更明亮的天体：太阳的视星等约为 -26，满月约为 -12。视星等反映的是从地球观察到的情形，与距离相关，无法反映天体的实际发光能力。

参见：第 26 节 "小行星"

反照率

物体表面反射出的辐射与接收到的辐射的比值。反照率越高，说明该表面的漫反射能力越强。通过分析行星或小行星的反照率，可以得知许多关于其成分和性质的信息。

参见：第 9 节 "月海" 等

大气消光

天体发出的光线，在传播路径上被大气中的尘埃和分子散射或吸收的现象。

参见：第 41 节 "南十字座"

浦肯野效应

捷克学者浦肯野在 1825 年发现的现象：人在昏暗的环境中，对红光的敏感程度会降低。因此，夜间观测时，使用红光手电、将电子产品的屏幕调至偏红，可以降低眼睛所受的刺激，以便在重新开始观测时更迅速地适应黑暗。

参见：第 51 节 "天琴座 T"

望远镜

焦距

透镜或镜面与它产生的像之间的距离。

物镜

望远镜用来收集光线的透镜或镜面。物镜的直径即为望远镜口径。

目镜

望远镜后端或侧面用来观察的小透镜。更换不同焦距的目镜，可以改变望远镜的放大倍率。

参见：第 30 节 "天王星" 等

放大倍率

望远镜将天体放大的倍数，数值等于物镜的焦距除以目镜的焦距。

参见：第 16 节 "月球火山" 等

视场

透过望远镜观察天空时能够看到的天空范围。通常来说，放大倍率越低，视场就越大。

参见：第 48 节 "室宿增一" 等

焦比

物镜的焦距除以望远镜的口径，用 F/（数字）表示。例如，一台 200 毫米口径、焦距 1600 毫米的望远镜，焦比是 F/8。数字的值越大，称为焦比越大。对于同一口径的望远镜，焦比越大，越容易得到较大的放大倍率；焦比越小，视场越大。

H-α 滤镜

H-α 是氢元素的一条发射谱线，在氢电离的过程中产生，波长约 656 纳米，呈红色。H-α 滤镜是一种窄带滤镜，只允许这一波长附近的光线通过，适合用来观测太阳表面和一些星云。

参见：第 34 节 "日珥"、第 87 节 "螺旋星云"

OIII 滤镜

OIII 指二次电离的氧，发射出的电磁波波长约 500 纳米。OIII 滤镜只允许这一波长附近的光线通过，很适合观测超新星遗迹和行星状星云。

参见：第 74 节 "玫瑰星团" 等

测量天空

天球

一个想象中的球面，可以用来描述天体的位置。天球与地球同心，自转轴与地球相同，半径无限大。地球自转轴与天球的交点，称为南北天极；地球的赤道面与天球的相交线，称为天赤道。如此，一切天体在天球上都可以具有投影和坐标。

参见：第 38 节 "大熊座"

赤经

描述赤道坐标系的一个参数，与地球上的经度类似。赤经以春分点为零点，描述天体相对太阳的位置偏东的距离。赤经的单位是时、分、秒，1 小时相当于 15 度。

参见：第 43 节 "天狼星" 等

术语表

赤纬

描述赤道坐标系的一个参数，与地球上的纬度类似。赤纬是地球纬度在天球上的投影，以度、分、秒为单位，范围 0-90 度。天赤道赤纬为 0，北天球记为正，南天球记为负。

参见：第 43 节"天狼星"等

电磁辐射及光谱

电磁辐射以光子为载体，在真空中以光速传播。电磁辐射在频率上的分布称为电磁波谱（光谱），按频率由低到高，即波长由长到短，主要分为无线电波（波长数米至数十公里）、微波、红外线、可见光、紫外线、X 射线、伽马射线（波长 0.01 纳米以下）等，可见光是人眼能感受到的电磁辐射，波长约在 380-750 纳米，在光谱中只占一小部分。

参见：第 48 节"室宿增一"等

光年

光在真空中一年内行进的距离。1 光年约等于 10 万亿公里。

绝对星等

将天体放在指定距离（10 秒差距，约合 32.6 光年）时，该天体的视星等。绝对星等排除了距离因素，可以用来比较恒星的光度。

参见：第 101 节"类星体 3C 273"

光度

天体每单位时间辐射出的总能量，可以衡量天体的实际发光能力。

参见：第 39 节"夏季大三角"等

谱线

原子或分子会吸收特定频率的光子，并重新发射其他频率的光子，在光谱上呈现为暗线或亮线，称为谱线。每种原子或分子都对应特定的谱线，因此，分析谱线特征，可以判断遥远天体的成分。谱线的整体偏移，也能够揭示天体的运动速度。

参见：第 48 节"室宿增一"等

红移和蓝移

光源与观察者之间的距离变化时，波长也会改变。光源远离观察者时，波长拉长，频率降低，在可见光光谱中，呈现为谱线整体向红端偏移，因此被称为"红移"；光源移近观察者时则相反，称为"蓝移"。如今我们能探测到的电磁波范围已经大大超出了可见光，因此红移和蓝移的字面意义有时已不适用，但名称依然保留下来。

参见：引言、第 96 节"草帽星系"

HD 星表

全称"亨利·德雷伯星表",由哈佛大学天文台编纂,首版于 1918-1924 年陆续发表,收录了 20 余万颗恒星。它是世界上第一份按光谱将恒星分类的大型星表,其制定的光谱分类法沿用至今。

参见:第 52 节"HD 140283"

SAO 星表

全称"史密松天体物理台星表",天体测量星表,收录了约 26 万颗视星等小于 9.0 的恒星,并且包含了精确测量的恒星自行数据。星名由字母 SAO 开头接数字表示。

参见:第 22 节"月掩星"

NGC 天体表

全称"星云和星团新总表",是一份著名的深空天体目录,收录了 7840 个天体,包括星系、星云、星团等。NGC 天体表首次发表于 1880 年,由爱尔兰天文学家约翰·德雷耳以赫歇尔父子的观测数据为基础汇编而成。

参见:第 69 节"北美洲星云"等

阿贝尔星系团表

一份星系团列表,收录了红移在一定范围内且较为丰富和密集的星系团,由美国天文学家乔治·阿贝尔在 1958 年首次发表,名为"北天巡天目录";随后增补了南天星系团。如今共收录全天星系团 4000 余个。

参见:第 100 节"阿贝尔 1656"

开普勒第二定律

在相等时间内,某颗行星与太阳的连线扫过的面积总是相等的。这是开普勒通过分析第谷·布拉赫留下的庞大观测数据,所总结出的行星运行三定律之一。由这条规律可以判断出,沿着椭圆轨道运行的某颗行星,距离恒星越远(连线越长)时,运行速度越慢;距离越近(连线越短)时,运行速度越快。

参见:第 20 节"行星逆行"

哈勃定律

20 世纪初期哈勃观测到,遥远星系的移动速度,和它与我们的距离成正比,由此第一次通过观测证实了宇宙膨胀。对于遥远的星系,可以通过哈勃定律,由红移值计算它与我们的距离。

参见:第 96 节"草帽星系"

天体及恒星演化

巨行星

质量很大的行星,通常不是由固体,而是由低沸

术语表

点的物质所构成。太阳系有四颗巨行星：木星、土星、天王星和海王星。木星和土星属于气态巨行星，主要由氢和氦构成；天王星和海王星则主要由水、甲烷、氨等构成，被称为冰质巨行星。

参见：第 27 节 "木星和大红斑" 等

核聚变

在高温高压环境下，两个较轻的原子核结合，形成一个较重的原子核和一个较轻的粒子，同时产生质量亏损而释放出大量能量。恒星的核心都有核聚变在发生，以对抗自身的引力，维持平衡。当核聚变不足以对抗引力时，意味着恒星的生命即将终结。

褐矮星

介于行星和恒星之间的天体，质量通常不超过木星的 75 倍（约 0.075 太阳质量）。一部分褐矮星（接近质量上限者）虽然也在生命初期进行核聚变，但一段时间过后，由于质量较低，致密的核心足以维持自身平衡，核聚变就终止了。

参见：引言

红矮星

质量较小，约在 0.075-0.6 太阳质量的恒星。红矮星的寿命很长，是宇宙中数量最多的恒星，但由于光度较低，观测起来并不显眼。据估算，银河系中有 3/4 的恒星都是红矮星。

参见：第 45 节 "南门二"、第 49 节 "巴纳德星"

超巨星

极为庞大的恒星，通常质量相当于 10-70 个太阳，光度达到太阳的数万至数百万倍。由于物质流失得很猛烈，超巨星的寿命短暂，通常只有数千万年。

参见：第 37 节 "猎户座" 等

特超巨星

最庞大的一类恒星，有明显的 H-α 发射谱线，质量相当于数十至数百个太阳，光度达到太阳的数百万倍。特超巨星损失质量的速度极快，因此只能存在几百万年，随后便爆发为超新星或极超新星，因此在宇宙中极为罕见。

参见：第 47 节 "螣蛇十二"

红巨星

一类正在演化中的恒星。质量相当于 0.5-7 个太阳的恒星，在氢燃料即将耗尽时，核心将收缩产生更强大的能量，使其亮度提升并且开始膨胀。我们的太阳在约 50 亿年后也会成为一颗红巨星。

参见：第 59 节 "刍藁增二" 等

极超新星

超新星的一种，由特超巨星在其生命的终点爆发而形成，极超新星爆发后，核心很可能会坍缩成为黑洞。

参见：第 70 节"船底座星云"

白矮星

低质量和中等质量恒星的归宿。恒星的核聚变燃料不足时，在引力作用下向中心坍缩形成。白矮星的体积很小，极为致密。太阳大小的恒星，坍缩成的白矮星体积与地球相当。

参见：第 62 节"新星"等

脉冲星

质量较大的恒星死亡、以超新星的形式爆发后，在其核心形成中子星。脉冲星是一种高速旋转的中子星，旋转中，它向两个方向发射的电磁辐射会有规律地扫过太空，人们正是由此发现了它的存在。

参见：第 89 节"面纱星云"

黑洞

质量相当大的恒星死亡后，核心坍缩，成为一处极端扭曲的时空，即使光线也无法逃脱，因此通过电磁波无法探测。然而，环绕着它的明亮的吸积盘、它所释放的强烈 X 射线，以及强大的引力，都可以帮助观察者探知它的存在。

参见：第 50 节"天鹅座 X-1"等

其他

太阳耀斑

一种剧烈的太阳活动，通常认为是发生在太阳大气的色球层中，在短时间内释放出极大的能量，观测时可以看到太阳局部亮度增强。

参见：第 7 节"极光"

太阳风

由太阳的上层大气释放出的高速带电粒子流，通常由太阳耀斑爆发或其他太阳风暴活动而产生。

参见：第 13 节"月面辐射纹"

潮汐力

天体受到另一天体的引力时，由于面向和背向区域受到的引力不等，导致其产生形状变化的力。有些天体甚至会在这种力的作用下被撕碎。

参见：第 29 节"土星和土星光环"

吸积盘

围绕着恒星、白矮星或黑洞等天体转动的物质组成的盘面。在中心天体的引力和盘内摩擦力的作用下，吸积盘中的物质会落向中心天体，同时散发出电磁辐射。

参见：第 61 节"渐台二"、第 66 节"猎户座大星云"

术语表

辐射压

电磁辐射抵达物体表面时，对其施加的压力。

参见：第 74 节"玫瑰星团"

暗物质

宇宙中无法通过电磁辐射探测到的物质，只有对可见物质造成的引力才揭示出它的存在。由目前的观测结果推算，宇宙暗物质的质量应当远大于可见物质。

参见：第 100 节"阿贝尔 1656"

引力透镜效应

根据爱因斯坦提出的广义相对论，强引力源会使光线偏转。因此，如果来自遥远天体的光线途经星系、黑洞等大质量天体，在观察者看来，该遥远天体可能产生形状扭曲、多重成像等畸变。

参见：第 100 节"阿贝尔 1656"

* 此处列出书中出现的部分术语，释义为中文版添加。——编注

图片版权

Originally published in France as:

101 Merveilles du ciel qu'il faut avoir vues dans sa vie, 2nd edition by Emmanuel BEAUDOIN

© DUNOD Editeur, Malakoff, 2016

Simplified Chinese language translation rights arranged through Divas International, Paris

巴黎迪法国际版权代理 (www.divas-books.com)

著作版权合同登记号：01-2017-7570

图书在版编目 (CIP) 数据

星空图鉴 ／ （法）埃马纽埃尔·博杜安著 ； 张俊峰
译 . -- 北京 ： 新星出版社 ，2018.6 （2024.6 重印）
　　ISBN 978-7-5133-2870-8

　　Ⅰ . ①星… Ⅱ . ①埃… ②张… Ⅲ . ①天文学－普及
读物 Ⅳ . ① P1-49

中国版本图书馆 CIP 数据核字 (2018) 第 050760 号

星空图鉴

[法] 埃马纽埃尔·博朴安 著

张俊峰 译

策划编辑　第五婷婷
责任编辑　汪 欣
营销编辑　柳艳娇 王蓓蓓
特邀审校　刘博洋
装帧设计　韩 笑
内文制作　杨兴艳
责任印制　李珊珊 廖 龙

出　　版　新星出版社　www.newstarpress.com
出 版 人　马汝军
社　　址　北京市西城区车公庄大街丙 3 号楼　邮编 100044
　　　　　电话 (010)88310888　传真 (010)65270449
发　　行　新经典发行有限公司
　　　　　电话 (010)68423599

印　　刷　北京奇良海德印刷股份有限公司
开　　本　787mm×910mm　1/16
印　　张　15.5
字　　数　186千字
版　　次　2018年6月第1版
印　　次　2024年6月第10次印刷
书　　号　ISBN 978-7-5133-2870-8
定　　价　128.00元